Wissenschaftliche Taschenbücher WTB

Mathematik · Physik

J. Auth · D. Genzow · K. H. Herrmann

Photoelektrische Erscheinungen

Akademie-Verlag · Berlin

REGINE WITKOWSKI/
FALKO H. HERRMANN
Einführung in die klinische Genetik

GERALD WOLF
Neurobiologie

Reihe CHEMIE

HANS-MARTIN BARCHET
Chemie photographischer Prozesse

ULRICH BEHRENS /
MANFRED RINGPFEIL
Mikrobielle Polysaccharide

ROLF BORSDORF/MANFRED SCHOLZ
Spektroskopische Methoden in der organischen Chemie

HANS DAWCZYNSKI
Temperaturbeständige Faserstoffe aus organischen Polymeren

HANS DAWCZYNSKI
Temperaturbeständige Faserstoffe aus anorganischen Polymeren

WERNER DÖPKE
Stereochemie organischer Verbindungen

MARTIN FINKE/WALTER LEIPNITZ
Moderne Methoden der Erdölanalyse

ERICH GUNDERMANN
Chemie und Technologie des Braunkohlenteers

WERNER HABERDITZL
Magnetochemie

SIEGFRIED HAUPTMANN
Über den Ablauf organisch-chemischer Reaktionen

HELMUT HRAPIA
Einführung in die Chromatographie

HORST KEHLEN/FRANK KUSCHEL/
HORST SACKMANN
Grundlagen der chemischen Kinetik

GERHARD KEMPTER
Struktur und Synthese von Vitaminen

PETER KRUMBIEGEL
Isotopieeffekte

KLAUS KÜHNE
Werkstoff Glas

DIETER MERKEL
Riechstoffe

DIETER ONKEN
Steroide

BURKART PHILIPP/
GERHARD REINISCH
Grundlagen der makromolekularen Chemie

JOACHIM RIEMER
Quantitative organische Mikroanalyse

ROLF SCHÖLLNER
Die Oxydation organischer Verbindungen mit Sauerstoff

WOLFGANG WAGNER
Chemische Thermodynamik

GÜNTHER WAGNER/
HANS KÜHMSTEDT
Pharmazeutische Chemie

ADOLF ZSCHUNKE
Kernmagnetische Resonanzspektroskopie in der organischen Chemie

Reihe MATHEMATIK/PHYSIK

HANS BANDEMER/
ANDREAS BELLMANN/
WOLFHART JUNG/KLAUS RICHTER
Optimale Versuchsplanung

FRANK BEICHELT
Prophylaktische Erneuerung von Systemen

DIETRICH BENDER/
ERNST-EGON PIPPIG
Einheiten, Maßsysteme, SI

WOLFRAM BRAUER/
HANS-WALDEMAR STREITWOLF
Theoretische Grundlagen der Halbleiterphysik

SIEGFRIED BREHMER
Einführung in die Maßtheorie

FERDINAND CAP
Einführung in die Plasmaphysik
I. Theoretische Grundlagen
II. Wellen und Instabilitäten
III. Magnetohydrodynamik

JOHN CUNNINGHAM
Vektoren

GEORG DAUTCOURT
Relativistische Astrophysik

K. CH. DELOKAROV
Relativitätstheorie und Materialismus

WERNER DÜCK
Diskrete Optimierung

ALBERT EINSTEIN
Grundzüge der Relativitätstheorie

ALBERT EINSTEIN
Über die spezielle und die allgemeine Relativitätstheorie

HANNELORE FISCHER/
JOACHIM PIEHLER
Modellsysteme der Operationsforschung

ALFRED FRIESER
Mikrowellenmeßtechnik

W. L. GINSBURG
Über Physik und Astrophysik

HERBERT GOERING
Elementare Methoden zur Lösung von Differentialgleichungsproblemen

HERBERT GOERING
Asymptotische Methoden zur Lösung von Differentialgleichungen

MICHAEL GÖSSEL
Angewandte Automatentheorie
Band I und II

MICHAEL GÖSSEL
Wahrscheinlichkeitsautomaten und Zufallsfolgen

E. G. GOLSTEIN
Konvexe Optimierung

HELMUT HESS
Der elektrische Durchschlag in Gasen

WILHELM KÄMMERER
Kybernetik – eine Einführung auf naturwissenschaftlicher Grundlage

V. I. KARPMAN
Nichtlineare Wellen in dispersiven Medien

ULRICH KAUSMANN/
KLAUS LOMMATZSCH/
FRANTIŠEK NOŽIČKA
Lineare parametrische Optimierung

VOLKER KEMPE
Theorie stochastischer Systeme

VOLKER KEMPE
Analyse stochastischer Systeme
Teil I

A. R. KESSEL
Akustische Kernresonanz

HEINRICH KINDLER
Der Regelkreis

DIETER KLAUA
Elementare Axiome der Mengenlehre
Einführung in die
Allgemeine Mengenlehre I

DIETER KLAUA
Grundbegriffe
der axiomatischen Mengenlehre
Teil 1 und 2
Einführung in die
Allgemeine Mengenlehre II

DIETER KLAUA
Kardinal- und Ordinalzahlen
Teil 1 und 2
Einführung in die
Allgemeine Mengenlehre III

DIETER KÖNIG/DIETRICH STOYAN
Methoden der Bedienungstheorie

KONRAD KREHER
Festkörperphysik

DIETER KRESS
Theoretische Grundlagen der
Signal- und Informationsübertragung

JEAN KUNTZMANN
Unendliche Reihen

JEAN KUNTZMANN
Systeme von Differentialgleichungen

JEAN KUNTZMANN
Komplexe Veränderliche

DIERCK-EKKEHARD LIEBSCHER
Relativitätstheorie
mit Zirkel und Lineal

WOLFGANG MEILING
Kernphysikalische Elektronik

PETER PAUFLER/DIETER LEUSCHNER
Kristallographische Grundbegriffe
der Festkörperphysik

HARRY PAUL
Lasertheorie
Teil I und II

HARRY PAUL
Nichtlineare Optik
Teil I und II

WOLFGANG PAULI
Vierpoltheorie und ihre Anwendung
auf elektronische Schaltungen

HARRY PFEIFER
Theorie linearer Bauelemente
Elektronik für den Physiker I

HARRY PFEIFER
Die Elektronenröhre
Elektronik für den Physiker II

HARRY PFEIFER
Schaltungen mit Elektronenröhren
Elektronik für den Physiker III

HARRY PFEIFER
Leitungen und Antennen
Elektronik für den Physiker IV

HARRY PFEIFER
Mikrowellenelektronik
Elektronik für den Physiker V

HARRY PFEIFER
Halbleiterelektronik
Elektronik für den Physiker VI

HARRY PFEIFER/W. HEINK
Schaltungen mit Transistoren
Elektronik für den Physiker VII

ULRICH RÖSEBERG
Determinismus und Physik

J. A. ROSANOW
Wahrscheinlichkeitstheorie

WOLFGANG SCHÄFER
Theoretische Grundlagen
der Stabilität technischer Systeme

ERNST SCHMUTZER
Symmetrien und Erhaltungssätze der Physik

I. S. SHELUDEW
Elektrische Kristalle

N. D. SHEWANDROW
Die Polarisation des Lichtes

L. A. SKORNJAKOW
Elemente der Verbandstheorie

A. A. SMIRNOW
Metallphysik

A. S. SONIN/B. A. STRUKOW
Einführung in die Ferroelektrizität

HANS-JÜRGEN TREDER
Elementare Kosmologie

J. F. VINSON
Optische Kohärenz in der klassischen Theorie und in der Quantentheorie

TEXTE UND STUDIEN

D. M. BRINK
Kernkräfte

STEPHEN G. BRUSH
Kinetische Theorie
Teil I und II

Festkörperphysik
Entwicklungstendenzen und Anwendungsmöglichkeiten

D. TER HAAR
Quantentheorie

W. R. HINDMARSH
Atomspektren

J. H. SANDERS
Die Lichtgeschwindigkeit

Die Schöpfer der physikalischen Optik
Eine Artikelsammlung

GUSTAV E. R. SCHULZE
Beiträge zur Entwicklung der Metallphysik

R. A. R. TRICKER
Die Beiträge von Faraday und Maxwell zur Elektrodynamik

R. A. R. TRICKER
Frühe Elektrodynamik

Vorschau auf die nächsten Bände:

GERHARD GEISLER/HEINZ SEIDEL
Die Wasserstoffbrückenbindung

W. S. LETOCHOW
Laserspektroskopie

HORST REMANE/RAINER HERZSCHUH
Massenspektrometrie in der organischen Chemie

E. M. SAWIZKI
Perspektiven der Metallforschung

VOLKMAR SCHURICHT
Kernexplosionen für friedliche Zwecke

GERHARD WUNSCH
Zellulare Systeme

WTB

BAND 196

J. Auth / D. Genzow / K. H. Herrmann

Photoelektrische Erscheinungen

Mit 46 Abbildungen und 9 Tabellen

AKADEMIE-VERLAG · BERLIN

Reihe MATHEMATIK UND PHYSIK

Verfasser:

Professor Dr. sc. Joachim Auth
Dr. Dietmar Genzow
Dr. sc. Klaus H. Herrmann

Sektion Physik der Humboldt-Universität zu Berlin,
Bereich Experimentelle Halbleiterphysik

1977
Erschienen im Akademie-Verlag, 108 Berlin, Leipziger Str. 3–4

Lizenznummer: 202 · 100/440/77
Herstellung: IV/2/14 VEB Druckerei
»Gottfried Wilhelm Leibniz«, 445 Gräfenhainichen · 4940
Bestellnummer: 762 101 5 (7196) LSV 1184
DDR 12,50 M

Vorwort

Die Untersuchung des äußeren Photoeffektes führte Albert Einstein zur Einführung des Begriffes der Lichtquanten in die Physik. Wenn auch die Beschäftigung mit dem inneren Photoeffekt nicht zu einer so grundsätzlich neuen, epochemachenden Entdeckung geführt hat, so kann man doch sagen, daß die Physik der photoelektrischen Erscheinungen ganz entscheidend war für die Entwicklung der Festkörperphysik. Begriffe wie Nichtgleichgewichtsladungsträger und deren Lebensdauer erwiesen sich als Schlüsselbegriffe für die Schaffung der Halbleiterbauelemente, die die elektronische Technik und damit breite Teile der Technik überhaupt grundlegend verändert haben. Es ist unser Anliegen, hier einen knappen Abriß der mit den photoelektrischen Erscheinungen in Halbleitern verknüpften physikalischen Probleme zu geben und dabei die genannten Zusammenhänge deutlich zu machen.

Ein Gebiet wie das der Photoeffekte verlangt besonders dringlich nach der Einheit von experimenteller und theoretischer Behandlung. Wir haben dem Rechnung zu tragen versucht. Der Umfang des Taschenbuches erlaubt es natürlich nicht, strenge quantenmechanische Ableitungen der für die phänomenologische Behandlung der Photoeffekte wichtigen Parameter darzustellen, soweit solche Ableitungen quantitativ überhaupt heute möglich sind. Wir haben uns jedoch bemüht, durch stark vereinfachende Betrachtungen Beziehungen zu dem, was der Student an Grundlagen der Quantentheorie des Festkörpers lernt, herzustellen. Damit möchten wir den Leser anregen, selber diese

Verbindung immer wieder zu knüpfen und sich dabei auf so bewährte Bücher zur Quantentheorie der Halbleiter wie das von BRAUER und STREITWOLF [2] zu stützen.

Wir meinen, daß die durchgeführten theoretischen Betrachtungen den Charakter grober Abschätzungen haben, die den Größenordnungsbereich, in dem der Effekt zu erwarten ist, liefern. Allerdings möchten wir damit auch im Sinne von V. WEISSKOPF[1] physikalische Ideen deutlicher hervortreten lassen, die sonst oft hinter einem komplizierten Apparat verborgen bleiben.

Die angegebene Literatur ist nur eine sehr beschränkte Auswahl nach subjektiv bedingten Gesichtspunkten der Verfasser. Sie soll den weiteren Zugang zur Originalliteratur erleichtern.

Wir danken Herrn Prof. Dr. K. THIESSEN für freundliche Hinweise zum Manuskript.

J. AUTH D. GENZOW K. H. HERRMANN

[1] V. F. WEISSKOPF: Modern Physics from an Elementary Point of View. Cern-Geneva 1970 (russ. Übers.: УФН 103 (1971) 155–179).

Inhaltsverzeichnis

1. Einleitung

Eine der wichtigsten photoelektrischen Erscheinungen ist die Photoleitfähigkeit oder kürzer Photoleitung. Mit diesem Begriff wird die Änderung der elektrischen Leitfähigkeit (vorzugsweise eines Festkörpers) nach Absorption von Licht gekennzeichnet. Photoleitung wird oft synonym mit dem Begriff „innerer Photoeffekt“ verwendet, wobei nur die Erhöhung der Zahl der für den Stromtransport im bestrahlten Material zur Verfügung stehenden Ladungsträger betrachtet wird (siehe aber Abschnitt 6). Damit ist die Photoleitfähigkeit als ein Aspekt des Ladungsträgertransports in Halbleitern charakterisiert. Für Stoffe, die – bei entsprechend geringer Dunkelleitfähigkeit – besonders gute Photoleitungseigenschaften zeigen, wurde der Begriff „Photoleiter“ geprägt. Die Abgrenzung gegen die Isolatoren ist insofern willkürlich, als auch in Substanzen mit breiter Energielücke (z. B. Diamant, $E_g = 5{,}4$ eV) durch genügend kurzwellige Strahlung Elektron–Loch-Paare erzeugt werden können. Zweckmäßig beschränken wir uns hier auf optische und infrarote Strahlung ($\lambda > 400$ nm entsprechend $E_g < 3$ eV).

In der modernen Halbleiterphysik ist die Untersuchung der photoelektrischen Erscheinungen vor allem eine Methode, die Einblicke in die mikroskopischen Prozesse liefert, die nach Absorption von Licht im Halbleiter ablaufen. Die vielfältigen Anwendungen in Strahlungsdetektoren haben die Physik der Photoeffekte zu einem wichtigen Teilgebiet der anwendungsorientierten Halbleiterforschung werden lassen. Um den für die Anwendungen wichtigen Systemzusammenhang zwischen den Strahlungsemittern, den optischen Übertragungsmedien und den Strahlungsempfängern zu betonen, wird die Problematik der Photoempfänger heute häufig unter dem Thema Optoelektronik subsummiert.

Das vorliegende Taschenbuch will – in der vom Umfang her gebotenen Kürze – einen Überblick über physikalische Grundlagen, aktuelle Forschungsergebnisse und technische Anwendungen geben.

1.1. Übersicht und Problemstellung

Durch die im Jahre 1905 von EINSTEIN formulierte Gleichung für den äußeren Photoeffekt [1]

$$\hbar\omega = E_A + (m_0/2)\, v_{max}^2 \qquad (1.1)$$

wird zum Ausdruck gebracht, daß die Wechselwirkung des Lichts mit den Elektronen im Festkörper quantenhaft erfolgt. Ein Lichtquant der Energie $\hbar\omega$ muß einem Elektron so viel Energie mitteilen können, wie zur Leistung der Austrittsarbeit E_A, die bei Metallen durch die Differenz zwischen Vakuumpotential und FERMI-Energie (Abb. 1a) gegeben ist, benötigt wird. Die überschüssige Energie $\hbar\omega - E_A$ erhält das Photoelektron als kinetische Energie. Die entstandenen Photoelektronen sind freie Elektronen im Vakuum, sie werden mit den Methoden der Vakuumelektronik weiterverarbeitet.

Gleichung (1.1) stellt den Energiesatz für die Wechselwirkung eines Photons mit einem Festkörperelektron dar. Reicht die Quantenenergie $\hbar\omega$ nicht aus, um die photoelektrische Austrittsarbeit aufzubringen, so ist doch unter Umständen in Halbleitern die Anhebung eines Elektrons in einen Zustand möglich, in dem dieses nunmehr am Stromtransport teilnehmen kann, zum Beispiel ins Leitfähigkeitsband. Sinngemäß gilt dann

$$\hbar\omega = E_{akt} + E_{kin}\,, \qquad (1.2)$$

wobei E_{akt} die Breite der verbotenen Zone eines Halbleiters E_g (Abb. 1b) oder die Ionisierungsenergie eines Donators ΔE_D bzw. Akzeptors ΔE_A (Abb. 1c) sein kann. Im ersten Fall wird im Ergebnis der Absorption

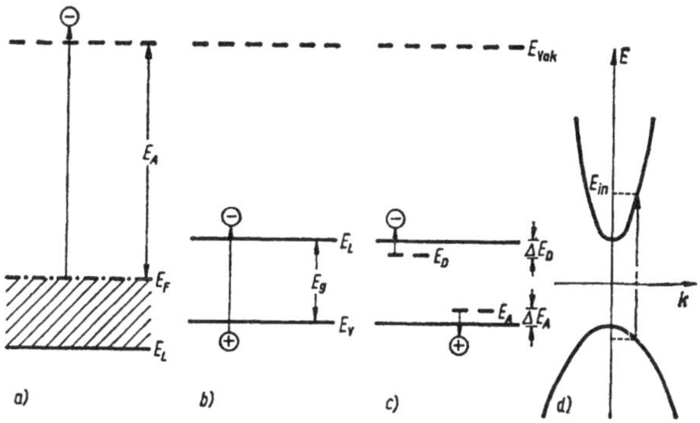

Abb. 1.1. Anregung von Elektronen im Festkörper durch Photoeffekt: a) äußerer Photoeffekt am Metall, b), c), d) innerer Photoeffekt in Halbleitern: b) Interbandanregung von Elektron–Loch-Paaren, c) Anregung von Elektronen bzw. Löchern aus Störstellen, d) direkte optische Interbandübergänge im $E(\boldsymbol{k})$-Diagramm.
E_{Vak} – Vakuumpotential; E_L – Rand des Leitungsbandes; E_V – Rand des Valenzbandes, E_F – FERMI-Energie

eines Lichtquants ein Elektron–Loch-Paar angeregt, im zweiten Fall ein Elektron im Leitungsband oder ein Defektelektron im Valenzband. Allen genannten Prozessen ist gemeinsam, daß eine Anregung nur oberhalb einer Grenzfrequenz beziehungsweise unterhalb einer Grenzwellenlänge

$$\lambda_{gr} = \frac{hc}{E_{akt}} \tag{1.3}$$

möglich ist. Die Konstante hc hat den Zahlenwert 1,24 eV · µm. Einer Aktivierungsenergie von 1 eV entspricht eine Grenzwellenlänge von 1,24 µm.

E_{kin} ist in (1.2) die anfängliche kinetische Energie der zusätzlichen quasifreien Ladungsträger. Im Gegensatz zum äußeren Photoeffekt werden beim inneren Photoeffekt keine freien Elektronen erzeugt, sondern nur quasifreie, das sind zwar nichtlokalisierte, jedoch nach wie vor Zustände des Elektrons im Festkörper, sogenannte Quasiteilchen: Leitfähigkeitselektronen bzw. Defektelektronen (Löcher). Die möglichen Zustände dieser Teilchen werden durch die Angabe der Quantenzahl $\boldsymbol{k}$ ($\hbar\boldsymbol{k}$ – Quasiimpuls) und der zugehörigen Energien $E_n(\boldsymbol{k})$ gekennzeichnet (n – Bandindex, z. B. V – Valenzband, L – Leitungsband). Im einfachsten Fall entspricht die Energiedispersion $E(\boldsymbol{k})$ des Leitungselektrons derjenigen des freien Elektrons

$$E(\boldsymbol{k}) = E_L + \hbar^2 k^2/2m^*, \tag{1.4}$$

jedoch mit einer (effektiven) Elektronenmasse $m^* \neq m_0$. Soll (1.4) sinngemäß auch für Defektelektronen gelten, muß die Löcherenergie vom Rand des Valenzbandes E_V in Richtung geringerer Elektronenenergien gezählt werden. Die Fähigkeit dieser Teilchen, zum Stromtransport beizutragen, wird durch den Quotienten aus Driftgeschwindigkeit v_D und elektrischer Feldstärke, die Beweglichkeit, charakterisiert:

$$\mu_n = |v_{Dn}/F| \quad \mu_p = v_{Dp}/F \tag{1.5}$$

(Indizes n, p charakterisieren Elektronen- bzw. Löchereigenschaften). Diese Begriffsbildungen werden durch die Halbleitertheorie (Bändermodell, Einelektronennäherung [2]) begründet.

Neben den quasifreien Elektronen und Löchern in den Bändern sind Elektronen (und Löcher) zu betrachten, die in lokalisierten Zuständen gebunden sind, die also nicht zum Stromtransport beitragen. Wir setzen zunächst voraus, daß die durch das Licht erzeugten zusätzlichen Ladungsträger („Nichtgleichgewichtsträger", Konzentration δn bzw. δp) dieselbe Beweglichkeit haben wie die im Gleichgewicht mit dem Gitter stehenden („Gleichgewichtsträger", Konzentration n_0 bzw. p_0); das heißt, wir betrachten sogenannte thermalisierte Nichtgleichgewichtsträger. Für diesen Fall beträgt der Leitfähigkeitszuwachs des bestrahlten Halbleiters, die Photoleitfähigkeit:

$$\delta\sigma = e\,(\mu_n \delta n + \mu_p \delta p)\,. \tag{1.6}$$

Die durch Lichtabsorption erzeugten Nichtgleichgewichtsträger bedeuten eine Störung des lokalen Konzentrationsgleichgewichts, das wir entweder durch Angabe der Gleichgewichtskonzentrationen n_0, p_0 oder durch Angabe des FERMI-Niveaus

$$E_F = E_L + kT \cdot \ln\,(n_0/N_L) = E_V - kT \cdot \ln\,(p_0/N_V) \tag{1.7}$$

charakterisieren können (N_L, N_V – effektive Zustandsdichten, s. u.). Zur Bestimmung der Konzentrationen δn, δp müssen wir neben der optischen Generation von Trägern den gegenläufigen Prozeß der Rekombination diskutieren, der zum Abbau der Zusatzkonzentration und damit zur Wiederherstellung des Gleichgewichts führt. Im einfachsten Fall erfolgt dies mit Hilfe der Teilchenzahlbilanz

$$\frac{\partial \delta n}{\partial t} = \left(\frac{\partial \delta n}{\partial t}\right)_{\text{gen}} + \left(\frac{\partial \delta n}{\partial t}\right)_{\text{rek}}\,. \tag{1.8}$$

Die Generationsrate $(\partial\delta n/\partial t)_{\text{gen}} = g$, gibt die Zahl der pro cm³ und s erzeugten Ladungsträger an, die Rekombinationsrate $-(\partial\delta n/\partial t)_{\text{rek}} = r$ die Zahl der pro cm³ und s vernichteten. Ein physikalisch plausibler Ansatz für die Rekombinationsrate ist es, diese der Überschuß-Trägerkonzentration proportional anzunehmen:

$$\left(\frac{\partial \delta n}{\partial t}\right)_{\text{rek}} = -\frac{1}{\tau}\,\delta n\,. \tag{1.9}$$

Der Kehrwert des Proportionalitätsfaktors,

$$\tau = -\frac{\delta n}{\left(\dfrac{\partial \delta n}{\partial t}\right)_{\text{rek}}}\,, \tag{1.10}$$

ist die mittlere Lebensdauer eines photoangeregten Trägers. Die Berechnung der Lebensdauer τ ist bei Kenntnis der zur Rekombination führenden Wechselwirkungsprozesse möglich. Bei örtlich inhomogener Anregung oder Rekombination muß diese Betrachtung durch die Berücksichtigung der Diffusion, bei nichtverschwindendem elektrischen Feld außerdem durch die Drift der Ladungsträger ergänzt werden. Die adäquate Beschreibung für thermalisierte Nichtgleichgewichtsträger erfolgt mit Hilfe der Kontinuitätsgleichung

$$\frac{\partial n_i}{\partial t} = -\frac{1}{q_i} \operatorname{div} \boldsymbol{j}_i + \left(\frac{\partial n_i}{\partial t}\right)_{\text{gen}} + \left(\frac{\partial n_i}{\partial t}\right)_{\text{rek}}. \tag{1.11}$$

Der Index i bezeichnet die Teilchensorte, q_i deren Ladung, $\boldsymbol{j}_i$ den Beitrag zum elektrischen Strom.

Die mikroskopisch-atomistische Beschreibung der Photoleitungsprozesse, bei der Größen wie Beweglichkeit, Diffusionskoeffizient, Lebensdauer usw. gewissermaßen als quasimakroskopisch zu bestimmende Parameter behandelt werden, wird häufig als phänomenologisch bezeichnet. Dieser Vertiefungsgrad ermöglicht es bereits, wesentliche qualitative und quantitative Zusammenhänge zu erfassen. Für die Berechnung der genannten Größen und damit für ein vertieftes physikalisches Verständnis überhaupt ist eine mikroskopische Behandlung unumgänglich. Dies gilt auch dann, wenn die physikalischen Grenzen photoelektrischer Halbleiterbauelemente diskutiert werden sollen. Im Rahmen dieser Monographie werden die optischen Generationsprozesse sowie vor allem die Rekombination ausführlicher behandelt.

1.2. Optisch angeregte Nichtgleichgewichtsträger

(1) Zur Aufstellung der Teilchenzahlbilanz (1.8) bzw. (1.11) benötigen wir die Generationsrate g. Dazu charakterisieren wir das als monochromatisch voraus-

gesetzte Anregungslicht durch seine Intensität I, also die Energieflußdichte, bzw. durch die Quantenflußdichte $Q = I/\hbar\omega$. Entsprechend dem LAMBERT-BEERschen Absorptionsgesetz

$$I(x) = I_0 \exp(-Kx) \quad \text{bzw.} \quad -\frac{\mathrm{d}I}{\mathrm{d}x} = I(x)\,K \qquad (1.12)$$

wird die Schwächung des Lichts in der Substanz durch den wellenlängenabhängigen Absorptionskoeffizienten K beschrieben. Die Zahl der pro cm³ und s absorbierten Photonen ist $I(x)\,K/\hbar\omega = KQ(x)$. Nehmen wir an, daß der Bruchteil η (Quantenausbeute) aller Absorptionsakte zur Generation eines Ladungsträgers führt, erhalten wir die Generationsrate

$$g(x) = \eta K I(x)/\hbar\omega = \eta K Q(x)\,. \qquad (1.13)$$

Wir bezeichnen die Generationsraten für Elektronen und Löcher mit g_n bzw. g_p. Optische Interbandabsorption führt zur bipolaren Generation von Elektron–Loch-Paaren ($g_n = g_p$), während bei Anregung aus Störstellen monopolare Generation von Elektronen ($g_n \neq 0$, $g_p = 0$) oder Löchern ($g_p \neq 0$, $g_n = 0$) erfolgt. Wegen (1.12) ist die Generationsrate eine Funktion des Ortes x, die optische Anregung ist im allgemeinen inhomogen; ein Maß für die Inhomogenität der Anregung in einer Probe der Dicke d ist das Produkt Kd.

(2) Der Absorptionskoeffizient K ist nach (1.12) durch die totale Übergangswahrscheinlichkeit W der Elektronen im Feld der Lichtwelle gegeben:

$$K = \hbar\omega \cdot \frac{W}{I} \quad \text{mit}$$

$$W = \frac{2}{(2\pi)^3} \int \mathrm{d}^3\boldsymbol{k} \int \mathrm{d}^3\boldsymbol{k}'\, W_{\boldsymbol{k}\boldsymbol{k}'}\, [f(\boldsymbol{k}) - f(\boldsymbol{k}')]\,. \qquad (1.14)$$

Dabei erfolgt die Integration über alle Anfangs- und Endzustände ($\boldsymbol{k}$ bzw. $\boldsymbol{k}'$). $f(\boldsymbol{k})$ ist die Besetzungswahrscheinlichkeit des Zustands mit dem Wellenvektor $\boldsymbol{k}$.

Die Übergangswahrscheinlichkeit $W_{kk'}$ ist gegeben [3] durch das Matrixelement des Operators der Wechselwirkungsenergie $\mathfrak{H}' = \frac{epA}{m}$ (p – Impulsoperator, A – Vektorpotential der elektromagnetischen Welle, die Amplitude A_0 hängt mit der Intensität über $I = \frac{\omega^2 A_0^2 n_\lambda}{2\mu_0 c}$ zusammen, n_λ – Brechungsindex):

$$W_{kk'} = \frac{2\pi}{\hbar} |\mathfrak{H}'_{kk}|^2 \, \delta\,(E(k') - E(k) - \hbar\omega) . \quad (1.15)$$

Die für die Photoleitfähigkeit wichtigsten Fälle sind die Interbandabsorption zwischen Valenz- und Leitungsband (Grundgitterabsorption) und die Störstellenabsorption. Im ersten Fall bedeutet k einen Zustand im Valenzband, k' einen Zustand im Leitungsband. Im nichtentarteten Halbleiter ist $f_V(k) \approx 1$, $f_L(k') \approx 0$. Die Verwendung von Bloch-Funktionen bei der Berechnung von $\mathfrak{H}_{kk'}$ führt auf die zusätzliche Auswahlregel $k' = k$ (direkte optische Übergänge). Im einfachsten Fall erlaubter Übergänge zwischen parabolischen Bändern ist das Matrixelement p_{VL} k-unabhängig. Dann findet man durch Integration von (1.14) mit (1.15):

$$K(\omega) = \left[\frac{\mu_0 c e^2 \pi}{n_\lambda m_0^2 \omega}\right] \left[\frac{1}{2\pi^2} \left(\frac{2m_r}{\hbar^2}\right)^{3/2} (\hbar\omega - E_g)^{1/2}\right] |a p_{VL}|^2 . \quad (1.16)$$

Dabei bedeuten a – Polarisationsvektor, m_r – reduzierte effektive Masse. Die zweite eckige Klammer enthält die sogenannte Interbandzustandsdichte. Für eine grobe Abschätzung ersetzen wir das Matrixelement des Impulsoperators durch den thermischen Mittelwert des Impulses $\hbar^2 k^2 = 3kTm$. Mit $n_\lambda = 4$, $m_n = m_p = m_0$ erhalten wir bereits für $\hbar\omega - E_g = 0{,}01$ eV einen Absorptionskoeffizienten $K = 4 \cdot 10^4$ cm^{-1} in größenordnungsmäßiger Übereinstimmung mit experimentellen

Ergebnissen. Die einfache Form der Absorptionskante nach (1.16) wird modifiziert durch Effekte der Elektron–Elektron-Wechselwirkung und der Elektron–Phonon-Wechselwirkung (indirekte Übergänge). Dadurch kann der optisch gemessene Bandabstand von der thermischen Energielücke abweichen. Sieht man von Exzitoneneffekten ab, bleibt der monotone Charakter der Kante erhalten. Bei der Interpretation der Photoleitungsspektren geht man meist von den experimentell bestimmten Absorptionsspektren aus. Bei der Störstellenabsorption, zum Beispiel der optischen Anregung von Elektronen aus thermisch nicht ionisierten Donatorzuständen, ist das Elektron im Anfangszustand auf einen Bereich der Ausdehnung $1/g$ lokalisiert, der Endzustand ist ein Bandzustand. Im einfachsten Fall eines wasserstoffähnlichen Grundzustandes erhält man für den Absorptionskoeffizienten die Spektralfunktion

$$K(\omega)=\frac{\hbar\omega-\Delta E_{\mathrm{D}}}{\hbar^2\omega^2\,[\hbar^2g^2+2m^*\,(\hbar\omega-\Delta E_{\mathrm{D}})]^4}. \qquad (1.17)$$

$K(\omega)$ wächst für $\Delta E_{\mathrm{D}}<\hbar\omega<2\Delta E_{\mathrm{D}}$ mit $\hbar\omega-\Delta E_{\mathrm{D}}$ an, durchläuft ein Maximum bei $\hbar\omega=\Delta E_{\mathrm{D}}+\frac{\hbar^2g^2}{8m^*}$ und fällt wieder ab. Der tatsächlich beobachtete Verlauf wird durch die Existenz angeregter Zustände modifiziert. Für praktische Zwecke gibt man den Absorptionsquerschnitt einer Störstelle im Maximum an:

$$S=\frac{K_{\max}}{N} \qquad (1.18)$$

(N – Anzahl der optisch ionisierbaren Störstellen).

Zahlenwerte für die in Störstellen-Photoleitungsdetektoren ausgenutzten Zentren in Germanium werden in Tabelle 8.2 mitgeteilt. Typische Absorptionsquerschnitte liegen bei 10^{-16} cm^2, so daß man mit Zentrenkonzentrationen von 10^{15} bis 10^{17} cm^{-3} Absorptionskoeffizienten 0,1 bis 10 cm^{-1} erhält. Die Störstellenabsorption ist ein schwacher Absorptionsprozeß, der nur bei $\hbar\omega < E_g$ beobachtbar ist. Für eine systematische Darlegung der optischen Absorption in Halbleitern muß auf die Spezialliteratur verwiesen werden, zum Beispiel [4, 5].

(3) Die im Abschnitt 1.1. aufgeworfene Frage, ob die Nichtgleichgewichtsträger die gleiche Beweglichkeit haben wie die im thermischen Gleichgewicht vorhandenen Ladungsträger, führt auf die Untersuchung der Energieverteilung der optisch injizierten Träger. Die Einsteinsche Gleichung (1.2) lehrt, daß die zusätzlichen Träger bei genügend großer Quantenenergie mit einer beträchtlichen kinetischen Energie $\hbar\omega - E_g \gg kT$ erzeugt werden. Die Existenz dieser Energie wird in den sogenannten Photoeffekten heißer Ladungsträger sichtbar, die in Abschnitt 6 diskutiert werden. Hier wollen wir nur die mittlere Energie der optisch injizierten Träger abschätzen. Wesentliche Aspekte des Problems lassen sich am Beispiel der Interbandabsorption ablesen. Wir betrachten dazu wieder direkte erlaubte Übergänge zwischen Valenz- und Leitungsband (bipolare Generation durch Interbandabsorption, M_0-Kante). Die Quasiimpulserhaltung (Faktor $\delta_{kk'}$) hat zur Folge, daß die Übergänge von Zuständen einer bestimmten Energie im Valenzband zu Zuständen einer bestimmten Energie im Leitungsband erfolgen (Abb. 1d). Durch den Energiesatz (Faktor $\delta(E_L(\boldsymbol{k}') - E_V(\boldsymbol{k}) - \hbar\omega)$) sind diese Energien bei bekanntem Bandverlauf festgelegt:

$$E_{in,n} = E_L + (\hbar\omega - E_g)\, m_{12}/m_n \quad \text{mit} \qquad (1.19)$$
$$1/m_{12} = 1/m_n + 1/m_p\,,$$
$$E_{in,p} = E_V + (\hbar\omega - E_g)\, m_{12}/m_p\,.$$

Im betrachteten Fall werden die Träger mit der Energie $E_{in,i}$ erzeugt, sie besitzen also zunächst eine Energie, die von der mittleren thermischen Energie abweicht. Zur Berechnung der mittleren kinetischen Energie $\langle E\rangle$, mit der die Nichtgleichgewichtsträger rekombinieren, gehen wir aus von der Energiebilanzgleichung

$$\frac{\partial \langle \delta n \cdot E \rangle}{\partial t} = \left(\frac{\partial \langle \delta n \cdot E \rangle}{\partial t} \right)_{\text{gen}} + \left(\frac{\partial \langle \delta n \cdot E \rangle}{\partial t} \right)_{\text{rek}} + \left(\frac{\partial \langle \delta n \cdot E \rangle}{\partial t} \right)_{\text{rel}} . \tag{1.20}$$

Im stationären Fall ist $\partial \langle \delta n \cdot E \rangle / \partial t = 0$ und $\delta n = g\tau_{\text{rek}}$. Den mit der Generation verknüpften Energiegewinn haben wir durch die Energie E_{in} charakterisiert, es ist also

$$\left(\frac{\partial \langle \delta n \cdot E \rangle}{\partial t} \right)_{\text{gen}} = gE_{\text{in}} = \frac{\delta n}{\tau_{\text{rek}}} \cdot E_{\text{in}} . \tag{1.21}$$

Setzen wir für die Energierelaxation der optisch injizierten Träger die Existenz einer Energierelaxationszeit τ_{E} voraus (siehe z. B. [6]):

$$\left(\frac{\partial \langle \delta n \cdot E \rangle}{\partial t} \right)_{\text{rel}} = -\frac{\langle E \rangle - E_{\text{th}}}{\tau_{\text{E}}} \delta n , \tag{1.22}$$

und setzen wir entsprechend der getroffenen Voraussetzung

$$\left(\frac{\partial \langle \delta n \cdot E \rangle}{\partial t} \right)_{\text{rek}} = -g \langle E \rangle = -\frac{\delta n}{\tau_{\text{rek}}} \langle E \rangle , \tag{1.23}$$

so folgt für die stationäre mittlere Energie

$$\langle E \rangle - E_{\text{th}} = \frac{E_{\text{in}} - E_{\text{th}}}{1 + \tau_{\text{rek}}/\tau_{\text{E}}} . \tag{1.24}$$

Wenn also

- die Energierelaxation wesentlich schneller verläuft als die Rekombination ($\tau_{\text{E}} \ll \tau_{\text{rek}}$),
- die Träger nicht zu tief im Band erzeugt werden ($\hbar\omega \gtrsim E_{\text{g}}$),

können die Aufheizungseffekte vernachlässigt werden, so daß die Nichtgleichgewichtsträger wie thermische Träger behandelt werden können. Mit typischen Energierelaxationszeiten $\tau_{\text{E}} \leqq 10^{-10}$ s und Rekombinationslebensdauern $\tau_{\text{rek}} \geqq 10^{-7}$ s wird $\tau_{\text{E}}/\tau_{\text{rek}} < 10^{-3}$.

Bei üblichen Photoeffekten ist damit eine wesentliche Vereinfachung des Problems gegeben. Zugleich wird der Zusammenhang der hier behandelten Problematik mit denjenigen Effekten sichtbar, die zum Beispiel bei der Injektion von Minoritätsträgern am *pn*-Übergang auftreten. Deshalb sind die in den Abschnitten 2., 3., 4., 5. und 7. behandelten Sachverhalte von grundsätzlicher Bedeutung für die gesamte Halbleiterphysik und die auf Minoritätsträgerinjektion beruhenden Bauelemente. Die optische Generation von Nichtgleichgewichtsträgern bietet häufig einen einfacheren Zugang zur Untersuchung der Rekombinationsprozesse als andere Injektionsmethoden, da die örtliche Verteilung der generierten Träger durch (1.13) bekannt und der Meßkreis von der Anregung elektrisch entkoppelt ist, dies im Gegensatz zur Elektronenstrahlanregung oder zur Injektion am *pn*-Übergang, an Kontakten oder durch Stoßionisation.

(4) Die quantitative Beschreibung der Aufheizungseffekte optisch erzeugter Ladungsträger erfordert die Lösung der Bilanzgleichung für die Besetzungszahlen (Verteilungsfunktion $f(\boldsymbol{k})$), das heißt der BOLTZMANN-Gleichung:

$$\frac{\mathrm{d}f}{\mathrm{d}t} = \frac{\partial f}{\partial t} + \left(\frac{\partial f}{\partial t}\right)_{\mathrm{gen}} + \left(\frac{\partial f}{\partial t}\right)_{\mathrm{rek}} + \left(\frac{\partial f}{\partial t}\right)_{\mathrm{Stöße}} + \left(\frac{\partial f}{\partial t}\right)_{\mathrm{Feld}} + \left(\frac{\partial f}{\partial t}\right)_{\mathrm{diff}} = 0 . \tag{1.25}$$

Der erste Term auf der rechten Seite von (1.25) beschreibt die explizite Zeitabhängigkeit der Verteilungsfunktion $f(\boldsymbol{k})$, der zweite die Änderung der Verteilungsfunktion durch Generationsprozesse, der dritte die Änderung durch Rekombinationsprozesse, der vierte Term die Änderung durch Wechselwirkung mit Phononen und Störstellen, der fünfte den Einfluß eines äußeren oder inneren elektrischen Feldes, der letzte die Diffusion. Bei Kenntnis aller Wechselwirkungsprozesse können $f(\boldsymbol{k})$ und damit die Trägerkonzentration und die Stromdichte errechnet werden:

$$n = (1/4\pi^3) \int f(\boldsymbol{k})\, d^3\boldsymbol{k}\,; \quad j = (1/4\pi^3)\, e \int \boldsymbol{v}_{\boldsymbol{k}} f(\boldsymbol{k})\, \mathrm{d}^3\boldsymbol{k}\,. \tag{1.26}$$

Mit (1.26) erhält man als erstes Integral von (1.25) die Gleichung (1.11). Die BOLTZMANN-Gleichung (1.25) muß für jede Teilchensorte gelöst werden, dementsprechend muß in (1.26) die Stromdichte aller beteiligten Trägersorten aufsummiert werden.

(5) Im thermischen Gleichgewicht sind die Verteilungsfunktionen für die Elektronen $f_0^{(n)}(E)$ und Löcher $f_0^{(p)}(E)$ die FERMI-Verteilungen:

$$f_0^{(n)}(E) = \frac{1}{1 + \exp\left(\dfrac{E - E_\mathrm{F}}{kT}\right)} = \frac{1}{1 + \exp\left[\dfrac{(E - E_\mathrm{L}) - (E_\mathrm{F} - E_\mathrm{L})}{kT}\right]}\,, \tag{1.27a}$$

$$f_0^{(p)}(E) = 1 - f_0^{(n)}(E) = \frac{1}{1 + \exp\left(-\dfrac{E - E_\mathrm{F}}{kT}\right)} = \frac{1}{1 + \exp\left[\dfrac{(E_\mathrm{V} - E) - (E_\mathrm{V} - E_\mathrm{F})}{kT}\right]}\,. \tag{1.27b}$$

Dabei ist E_F das FERMI-Niveau, das für Elektronen und Löcher eine einheitliche thermodynamische Größe darstellt. Zur Herstellung völliger Symmetrie zwischen Elektronen und Löchern ist es, wie erwähnt, zweckmäßig, Löcherenergien vom oberen Rand des Valenzbandes E_V in Richtung geringer Elektronenenergien zu zählen. Im nichtentarteten Halbleiter[2] ist $|E - E_\mathrm{F}| \gg kT$ für alle Energien E, die Träger im Valenz- und Leitungs-

[2] Diesen Fall wollen wir hier und im folgenden stets voraussetzen.

band annehmen, deshalb ist die Verteilungsfunktion vom MAXWELL-BOLTZMANN-Typ:

$$f_0^{(n)}(E) = e^{\frac{E_F - E_L}{kT}} \cdot e^{-(E-E_L)/kT},$$
$$f_0^{(p)}(E) = e^{\frac{E_F - E_V}{kT}} \cdot e^{-(E-E_V)/kT}. \quad (1.28)$$

Im sphärischen und parabolischen Band läßt sich dies leicht über E integrieren, und man kann die Gleichgewichtskonzentrationen

$$n_0 = N_L e^{\frac{E_F - E_L}{kT}} \qquad p_0 = N_V e^{-\frac{E_F - E_V}{kT}} \quad (1.29)$$

durch die effektiven Zustandsdichten

$$N_{L,V} = 2\left(\frac{m_{n,p} kT}{2\pi\hbar^2}\right)^{3/2}$$

ausdrücken. Mit $E_g = E_L - E_V$ findet man daraus

$$n_0 p_0 = n_i^2 = N_L N_V e^{-E_g/kT}. \quad (1.30)$$

Da in der Schreibweise nach (1.29) Elektronen und Löcher weitgehend entkoppelt erscheinen, kann man diese Gleichung als Definitionsgleichung für E_F auch dann auffassen, wenn das Konzentrationsgleichgewicht (1.30) gestört ist. Diese Verallgemeinerung wurde von SHOCKLEY [7] für den Fall thermalisierter Nichtgleichgewichtsträger eingeführt, das FERMI-Niveau ist dabei durch Quasi-FERMI-Niveaus für Elektronen und Löcher $E_{Fn} \mp E_{Fp}$ zu ersetzen:

$$n = n_0 + \delta n = N_L e^{\frac{E_{Fn} - E_L}{kT}},$$
$$p = p_0 + \delta p = N_V e^{\frac{E_{Fp} - E_V}{kT}}. \quad (1.31)$$

Für $np > n_0 p_0$ ist $E_{Fn} > E_{Fp}$. $E_{Fn} - E_{Fp}$ wächst mit der Anregungsintensität. Für den Fall $np < n_0 p_0$, der durch optische Anregung nicht realisierbar ist, kann auch $E_{Fn} < E_{Fp}$ sein. Gleichung (1.31) ist nur solange gültig, wie durch die Anregung von Nichtgleichgewichtsträgern keine Entartung der Träger eintritt; die Begriffsbildung des Quasi-FERMI-Niveaus ist allgemeiner. Die Einführung des Quasi-FERMI-Niveaus erweist sich methodisch als günstig, besonders für die Behandlung inhomogener Probleme (siehe z. B. Abschnitt 4.). Seine physikalische Berechtigung ergibt sich auch aus der Betrachtung unter (3), da unter typischen Bedingungen für zusätzlich erzeugte Nichtgleichgewichtsträger tatsächlich eine MAXWELL-BOLTZMANN-Verteilung im Band vorliegt.

2. Photoleiter bei homogener Anregung

2.1. Lebensdauer der Nichtgleichgewichtsträger

(1) Die Trägerkonzentrationen in den Bändern im thermischen Gleichgewicht können als Ergebnis des dynamischen Gleichgewichts zwischen der thermischen Erzeugung von Trägern (Generationsrate g_0) und deren Rekombination (Rate r_0) aufgefaßt werden:

$$g_0 = r_0 \,. \tag{2.1}$$

Dabei ist es gleichgültig, wie die Einstellung des Gleichgewichts erfolgt, sie kann über Zentren mit lokalen Energieniveaus in der verbotenen Zone oder direkt durch Übergänge zwischen Valenzband und Leitungsband vorsichgehen. Werden zusätzlich durch Licht $g = \text{const}$ freie Ladungsträger pro cm^3 und s erzeugt, wächst die Generationsrate auf $g + g_0$ an. Infolgedessen wachsen die Trägerkonzentrationen in den Bändern über die Gleichgewichtswerte hinaus an:

$$n = n_0 + \delta n, \quad p = p_0 + \delta p \,. \tag{2.2}$$

Dabei erhöhen sich auch die Rekombinationsraten gegenüber dem Gleichgewicht auf $r_0 + r_n$ bzw. $r_0 + r_p$. Mit $r_{n,p}$ sind die Rekombinationsüberschußraten der

Elektronen und Löcher bezeichnet. Es stellt sich im allgemeinen nach einiger Zeit ein stationärer Zustand ein, für den die Gleichgewichtsbedingungen

$$g_n + g_0 = r_n + r_0, \quad g_p + g_0 = r_p + r_0 \tag{2.3}$$

gelten, die wegen (2.1) auch als

$$g_n = r_n \,, \quad g_p = r_p \tag{2.4}$$

geschrieben werden können. Bei stationären Verhältnissen sind die (Überschuß-)Generationsraten der Elektronen und Löcher gleich den entsprechenden Rekombinationsüberschußraten.

Unter instationären Verhältnissen, das heißt während der Einstellung eines neuen Gleichgewichtszustandes, ändern sich die Trägerkonzentrationen gemäß

$$\frac{\partial n}{\partial t} = \frac{\partial \delta n}{\partial t} = (g_n + g_0) - (r_n + r_0) = g_n - r_n \,,$$

$$\frac{\partial p}{\partial t} = \frac{\partial \delta p}{\partial t} = (g_p + g_0) - (r_p + r_0) = g_p - r_p \,. \tag{2.5}$$

Setzen wir wie in der Einleitung die Rekombinationsüberschußrate der Überschußkonzentration proportional:

$$r_n = \frac{1}{\tau_n}\,\delta n \,, \quad r_p = \frac{1}{\tau_p}\,\delta p \,, \tag{2.6}$$

so erhalten wir aus (2.5) eine exponentielle Abnahme der Überschußkonzentration nach Abschalten der optischen Generation zum Zeitpunkt $t=0$:

$$\delta n(t) = \delta n(0)\, \mathrm{e}^{-t/\tau_n} \,,$$

$$\delta p(t) = \delta p(0)\, \mathrm{e}^{-t/\tau_p} \,. \tag{2.7}$$

τ_n ist nach (2.7) die mittlere Lebensdauer eines Elektrons im Leitungsband, τ_p die mittlere Lebensdauer eines Lochs im Valenzband. Wir können nun (2.6) umgekehrt als Definitionsgleichung für die Lebensdauer auffassen:

$$\tau_n = \frac{\delta n}{r_n} \,, \quad \tau_p = \frac{\delta p}{r_p} \,. \tag{2.8}$$

Im stationären Fall $\frac{\partial \delta n}{\partial t} = \frac{\partial \delta p}{\partial t} = 0$ kann dies mit (2.4) auch wie folgt geschrieben werden:

$$\tau_{n\,\text{stat}} = \frac{\delta n}{g_n}, \quad \tau_{p\,\text{stat}} = \frac{\delta p}{g_p}. \tag{2.9}$$

Die so definierten Lebensdauern heißen stationäre Lebensdauern. Bei Interbandanregung ($g_n = g_p$) ist $\tau_{n\,\text{stat}} = \tau_{p\,\text{stat}}$ genau dann, wenn $\delta n = \delta p$.

(2) Auch wenn die Annahme (2.6) nicht erfüllt ist, kann man noch (2.8) als Definition für die Lebensdauer auffassen. Diese hängt dann von δn bzw. δp und damit von der Zeit t ab und ist während des Anklingens $\left(r_n = g_n - \frac{\partial \delta n}{\partial t}\right)$ und während des Abklingens $\left(r_n = -\frac{\partial \delta n}{\partial t}\right)$ unterschiedlich. Deshalb spricht man von momentaner Lebensdauer:

$$\tau_{n\,\text{mom}}(t) = \frac{\delta n(t)}{r_n(t)}, \quad \tau_{p\,\text{mom}} = \frac{\delta p(t)}{r_p(t)}. \tag{2.10}$$

Für den durch (2.6) bezeichneten Fall linearer Rekombination (s. u.) sind die momentanen Lebensdauern zeitlich konstant und mit den stationären Lebensdauern identisch.

Die durch (2.10) definierten Lebensdauern der Nichtgleichgewichtsträger charakterisieren die Schnelligkeit der Einstellung des Gleichgewichts nach einer Störung am System. Wie wir im folgenden sehen werden, ist τ im Grenzfall schwacher Anregung in allen praktisch wichtigen Fällen tatsächlich eine von δn unabhängige Konstante, die jedoch noch von der Dotierung des Halbleiters, der Temperatur usw. abhängt.

(3) Falls zur Rekombination der Nichtgleichgewichtsträger mehrere Mechanismen beitragen, kann man im einfachsten Fall annehmen, daß sich die entsprechenden Rekombinationsraten addieren. Bezeichnet man die Lebensdauer bei Wirksamkeit nur des k-ten Mecha-

nismus mit τ_k, so ist die resultierende Lebensdauer gegeben durch

$$\frac{1}{\tau} = \sum_k \frac{1}{\tau_k}. \tag{2.11}$$

Dieser Sachverhalt ist ganz analog zur Addition der Stoßwahrscheinlichkeiten bei anderen Relaxationsprozessen. Die Rekombination wird bestimmt durch denjenigen Prozeß, der die kleinsten Lebensdauern ergibt.

Bereits in (2.4) haben wir angenommen, daß die thermische Generations- und die thermische Rekombinationsrate g_0 bzw. r_0 bei schwacher Störung des Gleichgewichts dieselben Werte annehmen wie im Gleichgewicht. Deshalb ist es naheliegend, den bisher für Nichtgleichgewichtsträger definierten Begriff der Lebensdauer auch zur Beschreibung der mittleren Verweilzeit der Ladungsträger im Band unter Gleichgewichtsbedingungen zu verwenden:

$$n_0 = g_0 \bar{\tau}_n, \quad p_0 = g_0 \bar{\tau}_p. \tag{2.12}$$

Die durch (2.8) definierten Lebensdauern τ_n und τ_p reichen aus, um die Nichtgleichgewichtsträger in den Bändern zu charakterisieren. In der Literatur werden daneben häufig noch die Begriffe Paarlebensdauer τ_P und Lebensdauer der Minoritätsträger $\tau_{\min}$ verwendet. Die Paarlebensdauer, das heißt die Lebensdauer eines Elektron–Loch-Paares ist eigentlich nur im Fall $\delta n = \delta p$ und somit $\tau_n = \tau_p = \tau_P$ sinnvoll. Der Begriff wird aber oft auch im Fall $\delta n \neq \delta p$, $\tau_n \neq \tau_p$ gebraucht und bezeichnet dann die Zeit bis zum Verschwinden eines Partners, das ist etwa die kleinere der Größen τ_n, τ_p. $\tau_{\min}$ ist die Lebensdauer der Träger, deren Konzentration im thermischen Gleichgewicht geringer ist, das heißt $\tau_{\min} = \tau_n$ im p-Halbleiter, $\tau_{\min} = \tau_p$ im n-Halbleiter.

2.2. Rekombination der Nichtgleichgewichtsträger

Vom physikalischen Standpunkt betrachtet, ist die wesentliche Frage bei der Rekombination der Nichtgleichgewichtsträger die nach dem Verbleib der Anregungsenergie. In diesem Abschnitt soll zunächst Interbandanregung mit $g_n = g_p = g$ betrachtet werden. Bei der Rekombination eines Elektron–Loch-Paares wird näherungsweise die Energie E_g frei, die für übliche Halbleiter und übliche Temperaturen stets groß gegen kT ist.

Je nachdem, welcher Art Quasiteilchen der wesentliche Teil dieser Energie übergeben wird, sprechen wir von bestimmten Rekombinationsmechanismen. Die wesentlichsten sind

– strahlende Rekombination (Energieabgabe in Form von Photonen),
– Stoßrekombination (Abgabe der Energie an einen 3. Stoßpartner, das heißt an ein freies Elektron oder Loch),
– Phononenrekombination (Abgabe der Energie durch Anregung von Gitterschwingungen).

Als weitere Mechanismen können genannt werden:

– Plasmonenrekombination (Abgabe der Energie durch Schwingungsanregung im Elektronenplasma),
– Exzitonenrekombination (Abgabe der Energie durch Anregung eines Exzitons).

Die mikroskopische Behandlung der wichtigsten Rekombinationsmechanismen wollen wir bis zum Abschnitt 5. zurückstellen und zunächst eine reaktionskinetische Behandlung durchführen. Dazu unterscheiden wir zweckmäßig zwischen der Band–Band-Rekombination und der Rekombination über Zentren.

Die Band–Band-Rekombination charakterisiert das ungestörte Kristallgitter und kann in zwei Formen ablaufen:

- als strahlende Band–Band-Rekombination, das heißt in direkter Umkehrung der optischen Interbandanregung, und
- als Dreierstoßrekombination (AUGER-Rekombination), das heißt in direkter Umkehrung der Band–Band-Stoßanregung.

Da diese Rekombinationsprozesse allein, besonders in Halbleitern mit breiter verbotener Zone, keine effektive Rekombination ermöglichen (für eigenleitendes Germanium wäre bei $T=300$ K $\tau_i=0{,}75$ s zu erwarten, falls die Lebensdauer durch strahlende Rekombination begrenzt ist), muß als weiterer Rekombinationsprozeß die Rekombination über Zentren, die Energieniveaus in der verbotenen Zone bilden, betrachtet werden. Diese Art der Rekombination ist dann notwendig eine realstrukturabhängige Eigenschaft des Halbleiters.

Im folgenden sollen zunächst die Parameter (Einfangquerschnitte usw.) der Rekombinationsprozesse als bekannt vorausgesetzt und daraus die Lebensdauern τ_n und τ_p sowie das zeitliche Verhalten der Nichtgleichgewichtsträgerkonzentration nach Einschalten einer konstanten Belichtung (Anklingen) bzw. nach Abschalten dieser Belichtung (Abklingen) untersucht werden.

2.2.1. Band–Band-Rekombination

(1) Für strahlende Band–Band-Rekombination ist die Rekombinationsrate der Elektronenkonzentration im Leitungsband und der Löcherkonzentration im Valenzband proportional (sogenannte bimolekulare Rekombination). Die Überschußrekombinationsrate wird daher angesetzt als

$$r_n = r_p = B\,(np - n_0p_0) = B\,(np - n_i^2)\,. \qquad (2.13)$$

Für $\delta n = \delta p$ wird daraus

$$r_n = r_p = B\,(n_0 + p_0)\,\delta n + B\delta n^2\,. \qquad (2.14)$$

Eine einfachere Form nimmt dieser Ausdruck in den Grenzfällen schwacher und starker Anregung an. Bei schwacher Anregung $\delta n \ll n_0 + p_0$ überwiegt in (2.14) der erste Term, und die Lebensdauer

$$\tau_n = \tau_p = \tau = \frac{1}{B\,(n_0 + p_0)} \tag{2.15}$$

wird unabhängig von δn, es liegt sogenannte lineare Rekombination vor. Bezeichnen wir die Lebensdauer im eigenleitenden Material ($n_0 = p_0 = n_i$) mit $\tau_{(i)} = \frac{1}{2Bn_i}$, so erhalten wir für einen n-Halbleiter $\tau_{(n)} = 2\tau_{(i)}\left(\frac{n_i}{n_0}\right)$ und für einen p-Halbleiter $\tau_{(p)} = 2\tau_{(i)}\left(\frac{n_i}{p_0}\right)$.

Im Grenzfall starker Anregung $\delta n \gg n_0 + p_0$ überwiegt in (2.14) das zweite Glied, es wird $r = B\delta n^2$, das heißt, es liegt sogenannte quadratische Rekombination vor.

(2) Bei der Interband-Auger-Rekombination wird die Überschuß-Rekombinationsrate der 3. Potenz der Ladungsträgerkonzentration proportional angesetzt:

$$r_n = r_p = C_n\,(n^2 p - n_0^2 p_0) + C_p\,(p^2 n - p_0^2 n_0)\,, \tag{2.16}$$

wobei der erste Term den Stoß von zwei Elektronen mit einem Loch, das heißt die Übergabe der bei der Rekombination eines Elektron–Loch-Paares freiwerdenden Energie auf ein weiteres Elektron, der zweite Term den Stoß von zwei Löchern mit einem Elektron mit Energieübergabe an ein Loch beschreibt.

Für $\delta n = \delta p$ wird

$$\begin{aligned} r_n = r_p = r = {} & [2n_0 p_0\,(C_n + C_p) + n_0^2 C_n + p_0^2 C_p]\,\delta n \\ & + [p_0\,(C_n + 2C_p) + n_0\,(C_p + 2C_n)]\,\delta n^2 \\ & + (C_n + C_p)\,\delta n^3\,. \end{aligned} \tag{2.17}$$

Einen einfacheren Ausdruck erhält man auch hier in den Grenzfällen schwacher und starker Anregung.

Bei schwacher Anregung überwiegt in (2.17) der erste Term, woraus eine von δn unabhängige Lebensdauer

$$\tau_n = \tau_p = \tau = \frac{1}{2n_0p_0(C_n+C_p)+C_nn_0^2+C_pp_0^2} \tag{2.18}$$

folgt. Es liegt also wieder lineare Rekombination vor.

Im Eigenhalbleiter ist $\tau_{(i)} = 1/3n_i^2(C_n+C_p)$, im n-Halbleiter wird $\tau_{(n)} = 1/C_nn_0^2$, im p-Halbleiter $\tau_{(p)} = = 1/C_pp_0^2$. Bei starker Anregung $\delta n \gg n_0$, p_0 überwiegt in (2.17) der letzte Term, es wird $r = (C_n+C_p)\,\delta n^3$ (sogenannte kubische Rekombination).

(3) Für die hier diskutierten Band–Band-Rekombinationsmechanismen ist charakteristisch, daß die Lebensdauer der Nichtgleichgewichtsträger bei schwacher Anregung mit wachsender p- oder n-Dotierung abnimmt, und zwar für die Band–Band-Auger-Rekombination stärker als für die strahlende Band–Band-Rekombination. Dabei wird vorausgesetzt, daß durch die Dotierung nicht gleichzeitig Rekombinationszentren erzeugt werden (siehe unten). So wurde die unter anderem in Germanium und Galliumarsenid bei Dotierungen oberhalb $10^{18}\,\mathrm{cm}^{-3}$ beobachtete Abnahme der Lebensdauer auf Auger-Rekombination zurückgeführt [8].

2.2.2. An- und Abklingen bei linearer und nichtlinearer Rekombination

(1) Der Abschnitt 2.2.1. hat einen wichtigen methodischen Aspekt sichtbar werden lassen. Im Fall schwacher Anregung liegt auch bei bimolekularer und Rekombination im Dreierstoß stets lineare Rekombination vor. In diesem Grenzfall gilt für die stationäre Konzentration einfach

$$\delta n_{\mathrm{stat}} = g\tau_{\mathrm{stat}}\,, \tag{2.19}$$

das heißt, die Abweichung vom Gleichgewicht ist der Anregung proportional, das Anklingen auf den stationären Endwert nach Einschalten der Anregung zum Zeitpunkt $t=t_0$ und das Abklingen nach Abschalten der Belichtung zum Zeitpunkt $t=t_1$ verlaufen nach Exponentialgesetzen

$$\delta n(t) = \delta n_{\text{stat}} \left(1 - e^{-(t-t_0)/\tau}\right) , \tag{2.20a}$$

$$\delta n(t) = \delta n_{\text{stat}} \, e^{-(t-t_1)/\tau} \tag{2.20b}$$

mit ein und derselben Zeitkonstanten, die gleich der stationären Lebensdauer ist. Gleichung (2.20b) ist die Grundlage für die Lebensdauerbestimmung aus dem Abklingen der Überschußkonzentration nach Anregung mit Rechteck- oder Nadelimpulsen. Die untere Grenze der Zeitauflösung ist bestimmt durch die Steilheit der Rückflanke des Anregungsimpulses. Bei rechteckförmiger Modulation der Strahlung und einem Tastverhältnis 1 : 1 nimmt das Signal die in Abbildung 2.1

Abb. 2.1. Signalform der Photoleitfähigkeit bei rechteckförmiger Modulation der Strahlung (Frequenz ω).
1 – Anregung $g(t)$, 2 – $\delta n(t)$ für $\omega\tau = 0{,}3$
3 – $\delta n(t)$ für $\omega\tau = 1$
4 – $\delta n(t)$ für $\omega\tau = 3$

gezeigte Form an. Wird das Anregungslicht sinusförmig moduliert $g(t) = g_0\,(1 - m \cos \omega t)$, ergibt sich für den modulierten Anteil der Konzentration eine Abhängigkeit von der Modulationsfrequenz

$$\delta n(\omega) = \frac{\delta n(0)}{\sqrt{1 + \omega^2 \tau^2}} \cos\,(\omega t - \varphi) \tag{2.21}$$

mit $\varphi = \arctan \omega\tau$. Für $\omega\tau \ll 1$ ist $\delta n(\omega) = \delta n(0)$, $\varphi = 0$; für $\omega\tau \gg 1$ wird $\delta n(\omega) \approx 1/\omega$ und $\varphi = \pi/2$. Sowohl aus der experimentell beobachteten Abhängigkeit $\delta n(\omega)$ als auch aus der gemessenen Phasenverschiebung zwischen Anregungslicht und Photoleitfähigkeit kann die Lebensdauer τ erhalten werden, im zweiten Fall wird dies als Phasenmethode bezeichnet. Eine typische

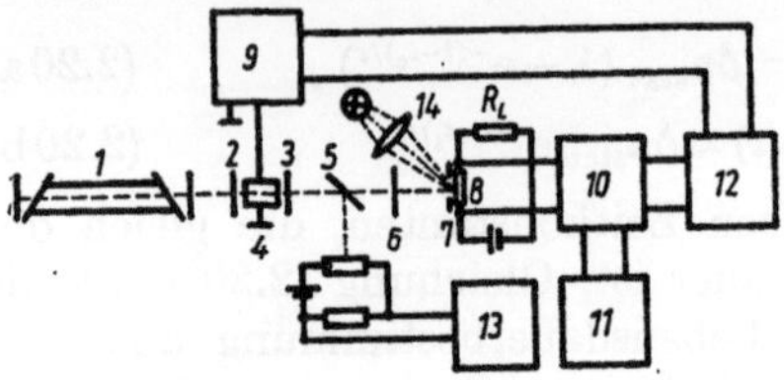

Abb. 2.2. Typische experimentelle Anordnung zur Lebensdauerbestimmung. 1 – Gaslaser im Dauerstrichbetrieb (z. B. He–Ne, $\lambda = 0{,}63$; 1,15; 3,39 μm); 2, 3 – Polarisatoren; 4 – elektrooptischer Modulator; 5 – Strahlteiler; 6 – Filter; 7 – Blenden zur Abdeckung der Kontakte; 8 – Probe; 9 – Sinus- oder Rechteckwellengenerator; 10 – Selektivverstärker (für stationäre Messungen) bzw. Breitbandverstärker (für Abklingmessungen); 11 – Oszilloskop für Abklingmessungen; 12 – phasenempfindlicher Gleichrichter (für stationäre Messungen) bzw. Phasenmesser (für Phasenmethode); 13 – Leistungsmesser bzw. Oszilloskop zur Bestimmung des Modulationsgrades; 14 – Zusatzeinstrahlung zur Eliminierung von Hafteffekten.

Die Anwendung eines Lasers und eines elektrooptischen Modulators erlaubt die Bestimmung besonders kleiner Lebensdauern. Bei größeren Lebensdauern (μs-Bereich) kann auch mit konventionellen Lichtquellen und mechanischen Zerhackern gearbeitet werden.

Meßapparatur ist in Abbildung 2.2 schematisch dargestellt, weitere siehe in [9].

(2) Nichtlineare Rekombination ergibt sich in den in Abschnitt 2.2.1. behandelten Fällen immer dann, wenn die Bedingung schwacher Anregung nicht erfüllt ist. Formal kann man (2.14) und (2.17) wie folgt zusammenfassen:

$$r = A\delta n + B\delta n^2 + C\delta n^3 \,. \tag{2.22}$$

Im Falle rein quadratischer Rekombination $A = C = 0$, $B \neq 0$ ergibt die Lösung der Bilanzgleichung für das Anklingen

$$\delta n(t) = \sqrt{\frac{g}{B}} \tanh \sqrt{gB}\, t \tag{2.23}$$

und für das Abklingen

$$\delta n(t) = \sqrt{\frac{g}{B}} \frac{1}{1 + \sqrt{gB}t}. \tag{2.24}$$

Der stationäre Endwert der Konzentration

$$\delta n_{\text{stat}} = \sqrt{\frac{g}{B}} \tag{2.25}$$

ist proportional $g^{1/2}$, die stationäre Lebensdauer $\tau_{\text{stat}} = \frac{\delta n_{\text{stat}}}{g} = \frac{1}{\sqrt{gB}}$ hängt von der optischen Anregung ab. Die momentanen Lebensdauern verändern sich während des An- und Abklingens und sind deshalb auch von der stationären Lebensdauer verschieden, das Anklingen erfolgt schneller als das Abklingen. Wegen der Stetigkeit der Konzentration ist die stationäre Lebensdauer gleich der momentanen im ersten Moment des Abklingens.

Bei rein kubischer Rekombination wird die Abklingkurve beschrieben durch

$$\delta n(t) = \frac{\delta n_{\text{stat}}}{(1 + 2Ct\delta n_{\text{stat}}^2)^{1/2}} \tag{2.26}$$

mit

$$\delta n_{\text{stat}} = \left(\frac{g}{C_n + C_p}\right)^{1/3}. \tag{2.27}$$

Daraus ergibt sich eine stationäre Lebensdauer

$$\tau_{\text{stat}} = \frac{\delta n_{\text{stat}}}{g} = \frac{1}{g^{2/3}\,(C_n + C_p)^{1/3}}. \tag{2.28}$$

Das Anklingen erfolgt hier ebenfalls schneller als das Abklingen.

Bei nichtlinearer Rekombination ist die Auswertung der An- und Abklingkurven kompliziert, weil sich mit der Zeit δn und damit die relative Bedeutung der einzelnen Glieder der Potenzentwicklung (2.22) ändern.

So überwiegt bei bimolekularer Rekombination der quadratische Anteil beim Abklingen nur, solange $\delta n \gg n_0 + p_0$ ist. Die Bilanzgleichung (2.5) ist für zeitlich konstante Generation auch mit dem allgemeinen Rekombinationsterm (2.22) lösbar (Abelsche Differentialgleichung [10]).

2.2.3. *Rekombination über Zentren*

Wir betrachten zunächst ein Modell, in dem neben flachen Donatoren und Akzeptoren, die zwar die Lage des Fermi-Niveaus bestimmen, über die aber keine Rekombination erfolgt, nur eine Art einfacher Rekombinationszentren der Konzentration N_r berücksichtigt wird. Einfaches Zentrum soll heißen, daß dieses nur neutral beziehungsweise einfach geladen sein kann. Wir charakterisieren das Zentrum durch ein lokalisiertes Energieniveau in der verbotenen Zone im Abstand ΔE_r vom Leitungsband (Abb. 2.3).

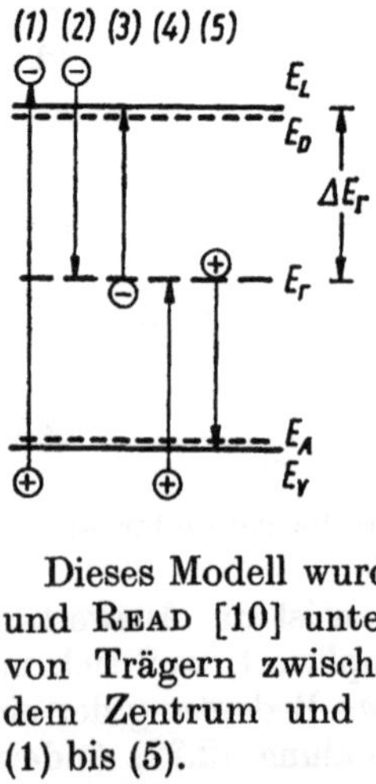

Abb. 2.3

Dieses Modell wurde zuerst von Hall [9], Shockley und Read [10] untersucht. Die möglichen Übergänge von Trägern zwischen den Bändern beziehungsweise dem Zentrum und einem Band bezeichnen wir mit (1) bis (5).

(1) beschreibt die optischen Übergänge aus dem Valenz- in das Leitungsband mit der Generationsrate g. Optische Anregung aus dem Zentrum in die Bänder wird hier nicht beachtet, weil diese, wenn Anregung über die Energielücke hinweg möglich ist, wesentlich schwächer ist als die Grundgitteranregung.

(2) beschreibt den Einfang von Elektronen aus dem Leitungsband in freie Rekombinationszentren. Die Einfangrate (Zahl der Übergänge pro cm³ und s) wird angesetzt als

$$c_n\,(N_{\mathrm{r}} - n_r)\, n\,. \tag{2.29}$$

Dabei ist n_r die Konzentration der mit Elektronen besetzten Zentren, $N_{\mathrm{r}} - n_r$ also die Konzentration der freien Zentren. c_n wird als Einfangkoeffizient bezeichnet.

$$\bar{\tau} = \frac{1}{c_n\,(N_{\mathrm{r}} - n_r)} \tag{2.30}$$

ist dann die mittlere Lebensdauer des Elektrons im Leitungsband bezüglich Einfang in die Zentren. Darüber hinaus ist es sinnvoll, einen Einfangquerschnitt des Zentrums S_n für Elektronen beziehungsweise S_p für Löcher durch

$$c_n = S_n v_{\mathrm{eff}}\,, \quad c_p = S_p v_{\mathrm{eff}} \tag{2.31}$$

zu definieren, wobei v_{eff} die mittlere thermische Geschwindigkeit eines freien Elektrons bei der entsprechenden Temperatur ist. Die durch (2.12) definierte Lebensdauer ist dann gegeben durch

$$\bar{\tau} = \frac{1}{S_n v_{\mathrm{eff}}\,(N_{\mathrm{r}} - n_r)}\,. \tag{2.32}$$

Obwohl die Begriffsbildungen Einfangkoeffizient und Einfangquerschnitt auch für Band–Band-Rekombination verwendet werden – der zweite Stoßpartner ist ein Träger im anderen Band –, besteht der besondere Wert des Begriffs Einfangquerschnitt in der Erhöhung der Anschaulichkeit bei der Beschreibung der Einfangprozesse in atomare Störstellen. Typische Einfangquerschnitte von Störstellen in Germanium und Silizium werden in Tabelle 8.3 mitgeteilt. Für den Einfang eines Ladungsträgers in ein anziehendes COULOMB-Zentrum hat der Einfangquerschnitt Werte bis zu 10^{-12} cm^2, für neutrale Zentren im Bereich um 10^{-16} cm^2 und für abstoßende Zentren bei 10^{-18} bis 10^{-21} cm^2.

(3) beschreibt die thermische Wiederanregung eines Elektrons aus dem Zentrum ins Leitungsband. Für die Übergangsrate machen wir den Ansatz $\gamma_n n_r$. Den Koeffizienten γ_n ermitteln wir aus der Stationaritätsbedingung im Gleichgewicht

$$\frac{dn_0}{dt} = \gamma_n n_{r0} - c_n (N_r - n_{r0})\, n_0 = 0\,. \tag{2.33}$$

Daraus können wir die Elektronenkonzentration in den Zentren im Gleichgewicht n_{r0} bestimmen. Diese ergibt sich andererseits aus der Zentrenkonzentration N_r und der FERMI-Verteilung $f(E)$:

$$n_{r0} = \frac{N_r}{1 + \frac{\gamma_n}{c_n n_0}} = \frac{N_r}{1 + e^{\frac{\Delta E_r - E_F}{kT}}}\,.$$

Daraus folgt

$$\gamma_n = c_n n_1 \quad \text{mit} \quad n_1 = N_L e^{-\frac{\Delta E_r}{kT}}\,. \tag{2.34}$$

n_1 ist die Elektronenkonzentration im Leitungsband für den Fall, daß das FERMI-Niveau mit E_r zusammenfällt. Die thermische Wiederanregung der Elektronen aus den Rekombinationszentren verlangsamt die Rekombination. Die Übergangsrate für den Prozeß (3) ist somit

$$c_n n_r n_1\,. \tag{2.35}$$

(4) beschreibt den Einfang eines Loches aus dem Valenzband in ein mit einem Elektron besetztes Zentrum. Die Einfangrate ist gegeben durch

$$c_p n_r p\,. \tag{2.36}$$

$\bar{\tau} = \dfrac{1}{c_p n_r}$ ist die mittlere Lebensdauer eines Loches im Valenzband bezüglich Einfang in ein (mit einem Elektron) besetztes Zentrum.

(5) beschreibt die thermische Anregung eines Loches aus dem Zentrum ins Valenzband, die Übergangsrate wird aufgrund der gleichen Argumentation wie bei Prozeß (3) angesetzt als

$$c_p\,(N_r - n_r)\,p_1\,, \tag{2.37}$$

wobei

$$p_1 = N_V \exp\left(-\frac{E_g - \Delta E_r}{kT}\right) \tag{2.38}$$

ist. Aus (2.34) und (2.38) folgt

$$n_1 p_1 = n_i^2\,. \tag{2.39}$$

Somit lauten die Bilanzgleichungen für die Elektronen und Löcher in den Bändern

$$\frac{\partial \delta n}{\partial t} = g - c_n n\,(N_r - n_r) + c_n n_r n_1\,,$$

$$\frac{\partial \delta p}{\partial t} = g - c_p n_r p + c_p\,(N_r - n_r)\,p_1\,. \tag{2.40}$$

Zusätzlich gilt die Neutralitätsbedingung, die wir für den Fall, daß die flachen Donatoren und Akzeptoren vollständig ionisiert und nicht am Rekombinationsgeschehen beteiligt sind, in der Form

$$\delta n + \delta n_r = \delta p \tag{2.41}$$

schreiben. In unserem Modell ist immer dann $\delta n \neq \delta p$, wenn sich die Besetzung der Rekombinationszentren n_r ändert. Die Lösung von (2.40) ergibt für die Zahl der Elektronen in den Zentren im stationären Fall

$$n_r = \frac{c_p p_1 + c_n n}{c_p\,(p_1 + p) + c_n\,(n_1 + n)}\,N_r\,. \tag{2.42}$$

Wir betrachten zunächst den Fall kleiner Zentrenkonzentration. Um die Neutralitätsbedingung in der vereinfachten Form $\delta n = \delta p$ benutzen zu können, müssen wir $\delta n_r \ll \delta n, \delta p$ voraussetzen. Einsetzen von (2.42) in (2.40) ergibt für die Überschußrekombinationsrate

$$r = N_r \frac{c_n c_p (np - n_i^2)}{(n + n_1)\, c_n + (p + p_1)\, c_p} \tag{2.43}$$

und für die stationäre Lebensdauer

$$\tau_n = \tau_p = \tau = \frac{\delta n_{\text{stat}}}{g}$$

$$= \tau_{p0} \frac{n_0 + \delta n + n_1}{n_0 + p_0 + \delta n} + \tau_{n0} \frac{p_0 + \delta n + p_1}{n_0 + p_0 + \delta n}\,. \tag{2.44}$$

Hier ist $\tau_{p0} = \dfrac{1}{c_p N_r}$ die Lebensdauer der Löcher bezüglich Einfang in vollständig mit Elektronen besetzte Zentren und identisch mit der stationären Lebensdauer der Löcher in hochdotiertem n-Material ($n_0 \gg p_0, n_1, \delta n$).

$\tau_{n0} = \dfrac{1}{c_n N_r}$ ist die Lebensdauer der Elektronen bezüglich Einfang in vollständig mit Löchern besetzte Zentren und identisch mit der stationären Lebensdauer in hochdotiertem p-Material ($p_0 \gg n_0, p_1, \delta n$).

Gleichung (2.44) läßt sich umformen zu

$$\tau = \tau_0 \frac{1 + a\delta n}{1 + c\delta n} \tag{2.45}$$

mit

$$\tau_0 = \tau_{p0} \frac{n_0 + n_1}{n_0 + p_0} + \tau_{n0} \frac{p_0 + p_1}{n_0 + p_0}\,, \tag{2.46}$$

$$a = \frac{\tau_{n0} + \tau_{p0}}{\tau_{p0}(n_0 + n_1) + \tau_{n0}(p_0 + p_1)}\,, \tag{2.47}$$

$$c = \frac{1}{n_0 + p_0}\,. \tag{2.48}$$

Im Fall schwacher Anregung $\delta n \ll n_0 + p_0$, $\delta n \ll 1/a$ wird die Rekombination linear, die (stationäre) Lebensdauer ist τ_0 nach (2.46).

Auch im Fall starker Anregung $\delta n \gg n_0 + p_0$, $\delta n \gg 1/a$ ist wieder lineare Rekombination realisiert. Die (stationäre) Lebensdauer ist in diesem Fall

$$\tau_\infty = \tau_{n0} + \tau_{p0} = \frac{1}{N_r}\left(\frac{c_n + c_p}{c_n \cdot c_p}\right) = \tau_0\left(\frac{a}{c}\right). \quad (2.49)$$

Bei mittleren Lichtintensitäten ergibt sich aus (2.45):

$$\delta n_{\text{stat}} = \frac{1}{2c}\{a\tau_0 g - 1 + [(a\tau_0 g - 1)^2 + 4c\tau_0 g]^{1/2}\}, \quad (2.50)$$

das heißt, δn_{stat} wächst linear mit der Anregung g für $a = c$, superlinear, wenn $a > c$ und sublinear, wenn $a < c$ ist.

Die Größen a und c charakterisieren nicht den Halbleiter mit den Zentren N_r an sich, sondern hängen noch von der Dotierung ab. Deshalb ist die Form der Photostrom-Intensitäts-Charakteristik für den schwach beziehungsweise stark dotierten Halbleiter unterschiedlich. Im eigenleitenden Fall nimmt die Konstante c den maximal möglichen Wert an (Sublinearität), mit wachsender Dotierung sinkt c, die Photostrom-Intensitäts-Charakteristik wird superlinear. Setzen wir außer $\delta n = \delta p$ auch $\frac{\partial n_r}{\partial t} = 0$ voraus, gilt für die momentane Lebensdauer während des Abklingens sinngemäß (2.45), wenn wir $\delta n = \delta n(t)$ als zeitabhängige Größe einsetzen. Die für $t = 0$ auf den Wert Eins normierte Abklingkurve liegt also zwischen den Exponentialfunktionen e^{-t/τ_0} und e^{-t/τ_∞} mit τ_0, τ_∞ nach (2.46) bzw. (2.49).

Den Fall beliebiger Konzentration der Rekombinationszentren betrachten wir nur bei schwacher Anregung: $\delta n \ll n_0$, $\delta p \ll p_0$, $\delta n_r \ll N_r - n_{r0}$. Jetzt erhält man für die stationären Lebensdauern

$$\tau_{n\,\text{stat}} = \frac{\tau_{p0}(n_0 + n_1) + \tau_{n0}[p_0 + p_1 + N_r(1 + p_0/p_1)^{-1}]}{n_0 + p_0 + N_r(1 + p_0/p_1)^{-1}(1 + p_1/p_0)^{-1}},$$

$$\tau_{p\,\text{stat}} = \frac{\tau_{n0}(p_0 + p_1) + \tau_{p0}[n_0 + n_1 + N_r(1 + n_0/n_1)^{-1}]}{n_0 + p_0 + N_r(1 + n_0/n_1)^{-1}(1 + n_1/n_0)^{-1}}, \quad (2.51)$$

wobei die Nenner wegen (2.39) gleich sind.

Im Fall großer Zentrendichte – das bedeutet für $\tau_{n0} \approx \tau_{p0}$ die Bedingung $N_r \gg (n_0 + p_0)\left(1 + \frac{p_1}{p_0}\right)\left(1 + \frac{p_0}{p_1}\right)$ – wird

$$\tau_n = \tau_1 = \tau_{n0}\,(1 + p_1/p_0) = 1/c_n\,(N_r - n_{r0})\,,$$

$$\tau_p = \tau_2 = \tau_{p0}\,(1 + n_1/n_0) = 1/c_p n_{r0}\,. \qquad (2.52)$$

Die stationäre Lebensdauer ist hier einfach durch die mittlere Lebensdauer bezüglich Einfang eines Elektrons in ein unbesetztes Zentrum beziehungsweise eines Loches in ein besetztes Zentrum gegeben. Die thermische Anregung aus den Zentren in die Bänder spielt keine Rolle mehr. Für das An- und Abklingen von δn bzw. δp ergibt sich wieder exponentielles Verhalten mit Zeitkonstanten, die mit den stationären Lebensdauern τ_n, τ_p übereinstimmen. Aber diese Lebensdauern sind für Elektronen und Löcher unterschiedlich. Elektronen und Löcher sind völlig entkoppelt.

Wenn die Einfangquerschnitte und damit die Einfangkoeffizienten c_n und c_p sehr unterschiedlich sind, zum Beispiel $c_n \gg c_p$ und $N_r - n_{r_0} \approx n_{r_0}$ (d. h. im thermischen Gleichgewicht die Zentren etwa zur Hälfte mit Elektronen besetzt sind), wird $\tau_n \ll \tau_p$. Die Überschußelektronen werden sehr schnell in die Zentren eingefangen und „haften" dort längere Zeit, bevor schließlich ein Loch eingefangen wird und damit der Rekombinationsakt beendet ist.

Auf die (praktisch oft sehr wichtigen) Fälle des Vorhandenseins mehrerer einfacher Zentrenarten beziehungsweise einer mehrfachen Zentrenart gehen wir nur kurz ein. Im Fall mehrerer einfacher Zentrenarten, von denen jede durch ihre Konzentration N_{rk} und die energetische Lage des Niveaus E_{rk} sowie entsprechende Einfangkoeffizienten zu charakterisieren wäre, läßt sich für die Rekombination über jede Zentrenart eine Lebensdauer τ_k einführen. Falls die Belichtung so schwach ist, daß die Besetzung der Zentren nach wie vor durch n_0 und p_0 bestimmt bleibt, sind die einzelnen

Rekombinationskanäle voneinander unabhängig, und für die Lebensdauer der Nichtgleichgewichtsträger gilt (2.11). Neben einfachen Donatoren und Akzeptoren, die in zwei Ladungszuständen auftreten und nur ein Energie-(Grund-)Niveau in der verbotenen Zone besitzen, gibt es eine Reihe von Zentren, die mehrfach geladen auftreten können. So besitzt zum Beispiel Au in Ge fünf Ladungszustände: 0, +1, −1, −2, −3 (siehe Abschnitt 8.2.).

2.2.4. *Hafteffekte*

Wir hatten gesehen, daß im Fall hoher Konzentration der Rekombinationszentren und stark unterschiedlicher Einfangkoeffizienten, zum Beispiel $c_n \gg c_p$, die Elektronen aus dem Leitungsband wesentlich schneller in die Zentren eingefangen werden und dort haften, bevor ein Loch aus dem Valenzband eingefangen wird oder – anders ausgedrückt – das Elektron aus dem Zentrum ins Valenzband fällt. Als Haftstellen im engeren Sinn bezeichnen wir solche Zentren, die praktisch nur mit einem Band wechselwirken. Bei einer Haftstelle für Elektronen zum Beispiel sind die c_n und c_p so unterschiedlich, daß ein eingefangenes Elektron mit größerer Wahrscheinlichkeit thermisch ins Leitungsband reaktiviert wird, als daß es ins Valenzband rekombiniert.

Zur quantitativen Beschreibung dieser Verhältnisse hat Rose [13] den Begriff der Demarkationsniveaus eingeführt. Wir betrachten das Verhältnis der Einfangrate für Träger entgegengesetzten Vorzeichens in das Zentrum zur Rate der thermischen Wiederanregung ins Band. Für Elektronen wird mit (2.35) und (2.36):

$$k_n = \frac{c_p p}{c_n n_1} = \frac{c_p}{c_n} \frac{p}{N_L \exp\left(-\frac{\Delta E_r}{kT}\right)}. \qquad (2.53)$$

Für $k_n = 1$ definiert diese Gleichung ein gewisses Energieniveau, das wir Demarkationsniveau für die Elektronen nennen werden. Mit (1.31) erhalten wir

$$E_{dn} = E_L - (E_{Fp} - E_V) - kT \ln \frac{c_n}{c_p} \frac{N_L}{N_V}. \quad (2.54)$$

Zentren, die Energieniveaus oberhalb von E_{dn} haben, führen zu $k_n < 1$, wirken also vorzugsweise als Elektronenhaftzentren. Zentren, die Energieniveaus unterhalb von E_{dn} haben, führen zu $k_n > 1$, wirken also als Rekombinationszentren. Das Demarkationsniveau trennt den Energiebereich der Haftzentren von dem der Rekombinationszentren (Abb. 2.4). Da E_{dn} nicht

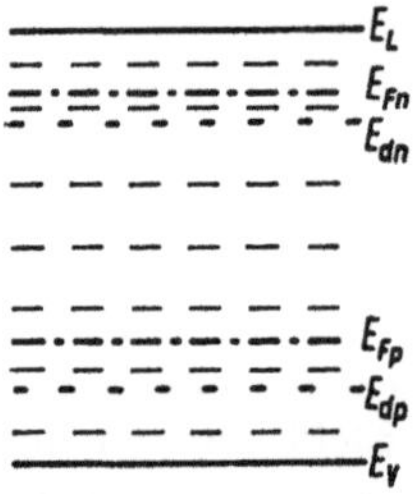

Abb. 2.4

nur von c_p/c_n abhängt, sondern auch von der Konzentration der Minoritätsträger und der Temperatur, wird verständlich, daß der Charakter eines Lokalzentrums sich mit der Anregung und der Temperatur ändern kann. Analog zu (2.54) kann man ein Demarkationsniveau der Löcher definieren:

$$E_{dp} = E_V + (E_L - E_{Fn}) + kT \ln \frac{c_p N_V}{c_n N_L}. \quad (2.55)$$

Oberhalb E_{dn} gilt für die Elektronen eine FERMI-Verteilung mit dem Quasi-FERMI-Niveau E_{Fn}, unterhalb E_{dp} gilt für die Löcher ebenfalls eine FERMI-Verteilung mit dem Quasi-FERMI-Niveau E_{Fp}. Für Energien $E_{dn} > E > E_{dp}$ besteht keine FERMI-Verteilung.

Die Wirkung zusätzlicher Minoritätsträgerhaftstellen untersuchen wir für n-Halbleiter bei schwacher Anregung: $n_0 \gg p_0$, δn, δp. Außer einem Rekombinationskanal, der durch eine Lebensdauer τ_0 beschrieben werden kann (z. B. strahlende Band–Band-Rekombination oder Rekombination über Zentren bei kleiner Zentrendichte), seien Haftstellen für die Minoritätsträger (Löcher) vorhanden. Die Konzentration der Haftstellen sei N_{h}. Dieser Fall wurde erstmals von FAN [14] behandelt. In Abbildung 2.5 beschreibt (1) die optische

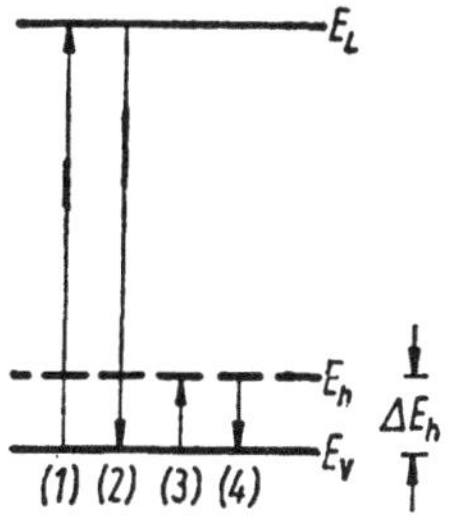

Abb. 2.5

Generation mit der Generationsrate g; (2) die Rekombination, die Rekombinationsrate ist $\frac{\delta p}{\tau_0}$; (3) beschreibt den Einfang der Löcher in die Haftstellen, die Einfangrate ist gegeben durch $c_p^h \cdot p \cdot (N_{\mathrm{h}} - p_h)$; (4) beschreibt die thermische Anregung von Löchern aus den Haftstellen ins Valenzband, die Übergangsrate ist $c_p^h p_1 p_h$. Hierbei bedeutet p_h die Konzentration der Löcher in den Haftstellen und daher $N_{\mathrm{h}} - p_h$ die Konzentration der Elektronen in den Haftstellen, c_p^h den Einfangkoeffizienten der Haftstellen für Löcher ($c_n^h \equiv 0$), $p_1 = N_{\mathrm{V}} \exp\left(-\frac{\Delta E_{\mathrm{h}}}{kT}\right)$.

Die Bilanzgleichungen für die Nichtgleichgewichtslöcher im Valenzband $\delta p = p - p_0$ und in den Haftstellen $\delta p_h = p_h - p_{h0}$ (p_0, p_{h0} sind die entsprechenden Konzentrationen im thermischen Gleichgewicht) lauten damit

$$\frac{\partial \delta p}{\partial t} = g - \frac{\delta p}{\tau_0} - c_p^h p\,(N_{\mathrm{h}} - p_h) + c_p^h p_1 p_h\,,$$

$$\frac{\partial \delta p_h}{\partial t} = c_p^h p\,(N_{\mathrm{h}} - p_h) - c_p^h p_1 p_h\,. \qquad (2.56)$$

Das Verhalten der Elektronen kann aus der Neutralitätsbedingung $\delta n = \delta p + \delta p_h$ erschlossen werden.

Mit $\delta p_h \ll p_{h0}$ (d. h. keine Sättigung der Haftstellen) und der im thermischen Gleichgewicht gültigen Beziehung $p_0 (N_\mathrm{h} - p_{h0}) = p_{h0} \cdot p_1$ erhält man aus (2.56)

$$\frac{\partial \delta p}{\partial t} = g - \delta p \left(\frac{1}{\tau_0} + \frac{1}{\tau_t}\right) + \frac{\delta p_h}{\tau_f},$$

$$\frac{\partial \delta p_h}{\partial t} = \frac{\delta p}{\tau_t} - \frac{\delta p_h}{\tau_f}, \tag{2.57}$$

wobei

$$\tau_t = \frac{1}{c_p^h (N_\mathrm{h} - p_{h0})} \tag{2.58}$$

die mittlere Lebensdauer der Löcher im Valenzband bis zum Einfang in die Haftstellen und

$$\tau_f = \frac{1}{c_p^h (p_0 + p_1)} \tag{2.59}$$

die Verweilzeit der Löcher in der Haftstelle bis zur thermischen Reaktivierung ins Valenzband ist. Die Kombination der beiden Gleichungen (2.57) ergibt

$$\frac{\partial^2 \delta p_h}{\partial t^2} + \Gamma \frac{\partial \delta p_h}{\partial t} + \Lambda \delta p_h - \frac{g}{\tau_t} = 0 \tag{2.60}$$

mit

$$\Gamma = \frac{1}{\tau_0} + \frac{1}{\tau_t} + \frac{1}{\tau_f} \quad \text{und} \quad \Lambda = \frac{1}{\tau_0 \tau_f}.$$

Die Lösungen von (2.60) für den Ankling- bzw. Abklingprozeß sind

$$\delta p_h(t) = +g \frac{\tau_0 \tau_f}{\tau_t} \left[1 - \left(\frac{\alpha_1}{\alpha_1 - \alpha_2}\right) \mathrm{e}^{-\alpha_2 t} - \left(\frac{\alpha_2}{\alpha_1 - \alpha_2}\right) \mathrm{e}^{-\alpha_1 t}\right],$$

$$\delta p_h(t) = +g \frac{\tau_0 \tau_f}{\tau_t} \left[\left(\frac{\alpha_1}{\alpha_1 - \alpha_2}\right) \mathrm{e}^{-\alpha_2 t} - \left(\frac{\alpha_2}{\alpha_1 - \alpha_2}\right) \mathrm{e}^{-\alpha_1 t}\right]$$

mit $\alpha_{1,2} = \frac{1}{2} \Gamma \pm \left(\frac{1}{4} \Gamma^2 - \Lambda\right)^{1/2}$.

Einsetzen dieser Lösungen für $\delta p_h(t)$ in (2.57) und Lösen der Differentialgleichung für $\delta p(t)$ liefert

$$\delta p(t) = g\tau_0 \left[1 - \left(\frac{\alpha_1}{\alpha_1 - \alpha_2}\right)(1 - \alpha_2\tau_f)\,\mathrm{e}^{-\alpha_2 t} - \left(\frac{\alpha_2}{\alpha_1 - \alpha_2}\right)(1 - \alpha_1\tau_f)\,\mathrm{e}^{-\alpha_1 t}\right] \tag{2.61 a}$$

für das Anklingen und

$$\delta p(t) = g\tau_0 \left[\left(\frac{\alpha_1}{\alpha_1 - \alpha_2}\right)(1 - \alpha_2\tau_f)\,\mathrm{e}^{-\alpha_2 t} - \left(\frac{\alpha_2}{\alpha_1 - \alpha_2}\right)(1 - \alpha_1\tau_f)\,\mathrm{e}^{-\alpha_1 t}\right] \tag{2.61 b}$$

für das Abklingen der Löcherkonzentration im Valenzband. Wir merken an, daß ohne Haftstellen unser Modell $\delta p = \delta n = g\tau_0$ sowie exponentielles zeitliches Verhalten mit der Zeitkonstanten τ_0 liefert, und beschränken die weitere Diskussion bei Anwesenheit von Haftstellen auf den Grenzfall $\frac{1}{\tau_0} \gg \frac{1}{\tau_t}$, das heißt, die Rekombination soll wesentlich intensiver als der Einfang in die Haftstellen erfolgen.

Bei tiefen Temperaturen ($kT \ll \Delta E_\mathrm{h}$) und hinreichend großer Haftstellendichte ($N_\mathrm{h} \gg N_\mathrm{V}(T)$) ist die thermische Anregung aus den Haftstellen wenig intensiv, und es gilt die Ungleichung $\tau_f \gg \tau_t$. Somit haben wir insgesamt $\tau_0 \ll \tau_t \ll \tau_f$. Damit wird $\alpha_1 = 1/\tau_0 \gg \alpha_2 = 1/\tau_f$ und

$$\delta p_h(t) = g\,\frac{\tau_f}{\tau_t}\,\tau_0 \mathrm{e}^{-t/\tau_f}\,,$$

$$\delta p(t) = g\tau_0 \mathrm{e}^{-t/\tau_0} \tag{2.62}$$

für das Abklingen.

Die Minoritätsträgerkonzentration klingt also mit der Zeitkonstante τ_0 unbeeinflußt durch die Haftstellen ab. Die Löcher in den Haftstellen klingen mit τ_f, also wesentlich langsamer, ab. Sie bleiben etwa τ_f

in der Haftstelle, werden dann thermisch angeregt und rekombinieren praktisch momentan wegen $\tau_0 \ll \tau_t \ll \tau_f$. Dabei halten die Löcher in den Haftstellen aus Neutralitätsgründen Majoritätsträger (Elektronen) im Leitungsband fest.

$$\delta n(t) = \delta p(t) + \delta p_h(t) \approx g \frac{\tau_f}{\tau_t} \tau_0 e^{-t/\tau_f}, \tag{2.63}$$

da $\delta n \approx |\delta p_h| \gg \delta p$ wegen $\tau_f \gg \tau_t$. Das Haften der Minoritätsträger hat also ein Anwachsen der Majoritätsträgerkonzentration auf einen um den Faktor $\tau_f/\tau_t \approx N_h/p_1 \gg 1$ gegenüber dem Fall ohne Haftstellen vergrößerten Wert zur Folge. Die Zeitkonstante allerdings ist um den gleichen Faktor erhöht. Die Abklingkurve der Majoritätsträger zeigt bei hinreichender Zeitauflösung einen deutlichen Knick bei $t = \tau_0$ (Abb. 2.6). Mit Er-

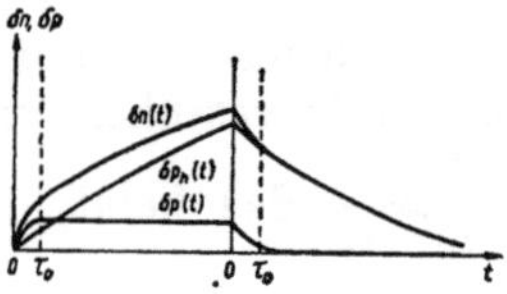

Abb. 2.6.
Zeitlicher Verlauf der Überschußkonzentrationen im Modell nach Abbildung 2.5

höhung der Temperatur verringert sich die Verweilzeit der Löcher τ_f in den Haftstellen, und es kann der Fall $\tau_f \ll \tau_0 \ll \tau_t$ eintreten. Unter diesen Bedingungen wird $\alpha_1 \approx \frac{1}{\tau_f} \gg \alpha_2 \approx \frac{1}{\tau_0}$, und es gilt

$$\delta p_h(t) = g \frac{\tau_f}{\tau_t} \tau_0 (1 - e^{-t/\tau_0}),$$
$$\delta p(t) = g\tau_0 (1 - e^{-t/\tau_0}) \tag{2.64a}$$

für das Anklingen sowie

$$\delta p_h(t) = g \frac{\tau_f}{\tau_t} \tau_0 e^{-t/\tau_0},$$
$$\delta p(t) = g\tau_0 e^{-t/\tau_0} \tag{2.64b}$$

für das Abklingen.

Wegen $\frac{\tau_f}{\tau_t} \ll 1$ ist jetzt $|\delta p_h| \ll \delta p$ und damit

$$\delta n(t) \approx \delta p(t) = g\tau_0 e^{-t/\tau_0}\,. \qquad (2.65)$$

Bei hohen Temperaturen ist der Einfluß der Haftstellen auf die stationären Konzentrationen und das zeitliche Verhalten der Nichtgleichgewichtsträger zu vernachlässigen. Die dazu notwendigen Temperaturen sind um so höher, je größer die Haftstellenkonzentration ist. Für die Beseitigung des Haftstelleneinflusses bei gegebener Temperatur und Haftstellenkonzentration sind zwei Verfahren geeignet:

- Gleichlicht-Zusatzeinstrahlung mit $\hbar\omega > E_g$ so hoher Intensität, daß alle Haftzentren besetzt werden ($n_h \approx N_h$). Bezüglich des modulierten Anregungslichtes sind die Haftstellen dann unwirksam. Das Verfahren bedeutet eine Verstärkung des Prozesses 3 in Abbildung 2.5.
- Gleichlicht-Zusatzeinstrahlung mit $\Delta E_h < \hbar\omega < E_g$ so hoher Intensität, daß die in die Haftzentren gelangenden Ladungsträger sofort wieder ins Band angehoben werden (Verstärkung des Prozesses 4 in Abbildung 2.5).

In beiden Fällen wird die Rekombination beschleunigt, die stationäre Konzentration und damit die stationäre Photoleitfähigkeit verringert (sogenanntes Ausleuchten der Haftstellen bzw. Tilgung der Photoleitfähigkeit). Zur Untersuchung des Haftstellenspektrums in Photoleitern hat Niekisch [15] eine von Fassbender [16] angegebene Wechsellichtmethode weiterentwickelt.

2.3. Photoleitfähigkeit bei Anregung aus Störstellen

Die Photoeffekte bei Anregung aus Störstellen zeigen gegenüber den Photoeffekten bei Grundgitterabsorption im wesentlichen folgende Unterschiede:

- Durch die Strahlung werden vorwiegend Träger einer Sorte, und zwar Majoritätsträger, erzeugt. Die in einem n-Halbleiter infolge optischer Anregung von Elektronen aus den Donatoren geänderte Elektronenkonzentration in den Niveaus führt zwar über die Störung des Gleichgewichtes zu einer geringfügig geänderten Löcherkonzentration, die aber in den meisten Fällen im Experiment nicht merkbar ist.

— Infolge der kleinen Absorptionskoeffizienten erfolgt die Generation der Nichtgleichgewichtsträger noch bei Probendicken der Größenordnung Millimeter weitgehend homogen, so daß wir, abgesehen von den Fällen, in denen nur begrenzte Gebiete der Probe ausgeleuchtet werden oder die Oberflächenrekombination dominiert, die Diffusion vernachlässigen können. Im Fall der Grundgitterabsorption dagegen ist die Absorption so stark, daß die Erzeugung der Nichtgleichgewichtsträger praktisch nur in einer oberflächennahen Schicht erfolgt und die Diffusion der Träger ins Kristallinnere berücksichtigt werden muß (Abschnitt 3.).

— Die Änderung des Absorptionskoeffizienten mit der Lichtintensität infolge Entleerung der Störstellen erfolgt bereits bei wesentlich geringeren Intensitäten als die Absorptionsverminderung bei Interbandabsorption (Abschnitt 7.3.).

Wir betrachten einen n-Halbleiter ($n_0 \gg p_0$) bei so tiefen Temperaturen, daß thermisch keine Elektronen ins Leitungsband angeregt werden, das heißt $\frac{n_0}{N_\mathrm{D}} \ll 1$ (N_D – Konzentration der Donatoren). Außer den Zentren N_D enthalte der Halbleiter keine weiteren Lokalzentren.

In Abbildung 2.7 beschreibt (1) die optische Anregung von Elektronen mit der Rate $g_n = \eta S n_D I/\hbar\omega$. Dabei ist n_D die Konzentration der Elektronen in den Donatoren, S der Absorptionsquerschnitt der Störstelle, den wir als unabhängig von der Lichtintensität I ansetzen. Da n_D von I abhängt, ist der Absorptionskoeffizient $K = S \cdot n_D$ eine Funktion der Lichtintensität. (2) und (3) beschreiben den Einfang von Elektronen in die Zentren

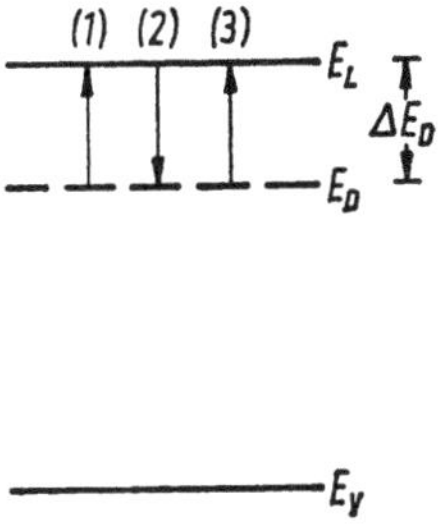

Abb. 2.7

beziehungsweise die thermische Anregung aus den Zentren ins Leitungsband. Damit lautet die Bilanzgleichung für die Elektronen im Leitungsband

$$\frac{\partial \delta n}{\partial t} = \eta \, \frac{S \cdot n_D I}{\hbar\omega} - \gamma \, (N_\mathrm{D} - n_D) \, n + \gamma n_D n_1 \, , \qquad (2.66)$$

wobei n_1 dieselbe Bedeutung wie in (2.34) hat.

Da sich die Gesamtkonzentration der Elektronen im Leitungsband und in den Donatoren nicht ändert, ist $\delta n_D = -\delta n$.

Folglich gilt:

$$\frac{\partial \delta n}{\partial t} = \eta \, \frac{S n_{\mathrm{D}0} I}{\hbar\omega} - \gamma \delta n \left(\frac{\eta S I}{\gamma \hbar\omega} + n_0 + \delta n + n_1 + N_\mathrm{D} - n_{D0} \right) \qquad (2.67)$$

bzw.

$$\frac{\partial \delta n}{\partial t} = \eta \, \frac{S n_{D0} I}{\hbar\omega} - \frac{\delta n}{\tau} \qquad (2.68)$$

mit

$$\tau = \left[\gamma \left(\eta \, \frac{SI}{\gamma\hbar\omega} + n_0 + \delta n + n_1 + N_\mathrm{D} - n_{D0} \right) \right]^{-1} .$$

Die Lösung von (2.68) ergibt (mit $\eta = 1$) für das Anklingen $\delta n(t) = A \tanh{(\gamma A t + B)} - C$

mit

$$A = \left(C^2 + n_{D0} \, \frac{SI}{\gamma\hbar\omega} \right)^{1/2} ,$$

$$B=\frac{1}{2}\ln\left(1+\frac{2C}{\delta n_{\text{stat}}}\right)^{1/2},$$

$$C=\frac{1}{2}\left(n_1+N_{\text{D}}-n_{D0}+n_0+\frac{SI}{\gamma\hbar\omega}\right), \tag{2.69}$$

und für das Abklingen

$$\delta n(t)=\frac{\delta n_{\text{stat}}\exp\left(-\frac{t}{\tau_0}\right)}{1+\gamma\delta n_{\text{stat}}\tau_0\left[1-\exp\left(-\frac{t}{\tau_0}\right)\right]}$$

mit

$$\tau_0=\frac{1}{\gamma\,(n_1+N_{\text{D}}-n_{D0}+n_0)}.$$

Die stationäre Konzentration ist

$$\delta n_{\text{stat}}=C\left(\sqrt{1+\frac{n_{D0}SI}{\gamma C^2\hbar\omega}}-1\right), \tag{2.70}$$

wobei C nach (2.69) noch von I abhängt.

Der für die Anwendungen wichtige Fall einer linearen Abhängigkeit der Überschußträgerkonzentration von der Lichtintensität ist gegeben, solange $\delta n_{\text{stat}} \ll n_{D0}$. Wegen der Annahme $n_0 \ll N_D$ ist dies gleichbedeutend mit $\delta n_{\text{stat}} \ll N_D$. Für diesen Fall gilt

$$\delta n_{\text{stat}}=n_{D0}S\tau_0 I/\hbar\omega=K_0 I\tau_0/\hbar\omega \tag{2.71}$$

($K_0=Sn_{D0}$ — Absorptionskoeffizient bei schwacher Anregung). An- und Abklingen verlaufen exponentiell mit der Zeitkonstante τ_0. Im Grenzfall großer Intensitäten $\frac{I}{\hbar\omega} \gg \frac{4\gamma n_{D0}}{S}$ erreicht die stationäre Überschußkonzentration den Sättigungswert $\delta n_{\text{stat}}=n_{D0}$. Alle im thermischen Gleichgewicht in den Donatoren vorhandenen Elektronen n_{D0} werden ins Leitungsband angeregt, das heißt die Zentren völlig erschöpft, der Absorptionskoeffizient wird gleich Null.

2.4. Oberflächenrekombination

Aus dem in Abschnitt 2.2.3. Gesagten ist deutlich geworden, daß die Rekombination durch lokale Zentren in der verbotenen Zone wesentlich beschleunigt werden kann. Lokalzentren treten in besonders großer Zahl an Oberflächen und anderen Phasengrenzen auf. Erfahrungsgemäß beschleunigen derartige Oberflächenzustände auch die Rekombination.

Um eine quantitative Beschreibung zu gewinnen, betrachten wir die Normalkomponente des Ladungsträgerstromes an der Oberfläche. Die Teilchenstromdichte zur Oberfläche ist $\frac{1}{4} v_n n$, wenn v_n die mittlere thermische Geschwindigkeit der Träger und n ihre Konzentration ist. Falls ein Teil der Träger Umladungsprozesse an den Oberflächenzuständen bewirkt, wird nur der Bruchteil $R_S < 1$ von der Oberfläche reflektiert. Im Gleichgewicht sind die Ströme zur Oberfläche und von der Oberfläche gleich:

$$\frac{1}{4} v_n n_0 = \frac{1}{4} R_S v_n n_0 + r_{S0} .$$

Die Differenz der beiden Teilströme

$$r_{S0} = \frac{1}{4} (1 - R_S) v_n n_0 \qquad (2.72)$$

hat im bipolaren Fall die Bedeutung einer Oberflächenrekombinationsrate (Dimension cm^{-2} s^{-1}). Bei Abweichung vom Gleichgewicht setzen wir für die Oberflächenüberschußrekombinationsrate

$$r_S = \frac{1}{4} (1 - R_S) v_n (n - n_0) . \qquad (2.73)$$

Diese Gleichung können wir auch schreiben als

$$r_S = s \delta n . \qquad (2.74)$$

Der so definierte Proportionalitätsfaktor s (Dimension cm/s) heißt Oberflächenrekombinationsgeschwindigkeit. Für eine frisch geätzte Germaniumoberfläche kann $s = 50 \cdots 100$ cm/s sein, eine geschliffene Oberfläche hat $s > 10^4$ cm/s. Methoden zur Bestimmung der Oberflächenrekombinationsgeschwindigkeit werden im Abschnitt 3.3.4. angegeben. Die effektive Lebensdauer in einer Probe ist bei zusätzlicher Oberflächenrekombination geringer als die Volumen-Lebensdauer (siehe dazu (3.34)).

Im Nichtgleichgewicht rekombinieren pro cm² Oberfläche und s $r_S = s\delta n(0)$ Träger, falls an der Oberfläche die Konzentration $\delta n(0)$ aufrechterhalten wird. Die beschleunigte Rekombination an der Oberfläche führt zu einer Absenkung von $\delta n(0)$ unter die Konzentration im Volumen, eine Nachlieferung von Trägern an die Oberfläche ist durch Diffusion möglich. Deshalb wird die Oberflächenrekombination in einer Randbedingung an der Stelle $x = 0$ berücksichtigt:

$$j_{n\perp} = -eD \left.\frac{\partial \delta n}{\partial x}\right|_{x=0} = es\delta n(0)\,, \tag{2.75}$$

der die Lösung der Bilanzgleichung (2.5) genügen muß.

Bei der Untersuchung der Kinetik der Photoeffekte beobachtet man sogenannte schnelle Oberflächenzustände mit Umladezeiten der Größenordnung 10^{-6} s, die wahrscheinlich an der Grenze Halbleiter–Oxidschicht lokalisiert sind, und langsame Oberflächenzustände mit Umladezeiten von 10^{-3} bis 10^3 s, die man auf Zustände in der Oxidschicht selbst zurückführt.

3. Diffusion und Drift von Nichtgleichgewichtsträgern

3.1. *Bilanzgleichungen*

Infolge der großen Absorptionskoeffizienten bei Grundgitteranregung, der in vielen Fällen ungleichmäßigen Probenausleuchtung sowie der verstärkten

Rekombination der Nichtgleichgewichtsträger an den Oberflächen sind im allgemeinen δn und δp Funktionen des Ortes; es treten Konzentrationsgradienten auf, die zu Diffusionsströmen Anlaß geben. Wir untersuchen in diesem Abschnitt das raum-zeitliche Verhalten der Nichtgleichgewichtsträger unter folgenden vereinfachenden Annahmen:

- Optische Anregung im Grundgitter: $g_n = g_p = g$,
- $\delta n = \delta p$ (siehe hierzu Abschnitt 3.3.3.),
- lineare Rekombination. $r_n = r_p = \delta n/\tau$, wobei τ unabhängig von δn ist,
- Temperaturgradienten und Gradienten in der Breite der verbotenen Zone treten nicht auf, grad T = grad $E_g = 0$. Der Halbleiter sei homogen dotiert
- grad p_0 = grad $n_0 = 0$
- und nicht entartet.

Der Diffusionsvorgang läßt sich mit Hilfe des Differentialgleichungssystems

$$\frac{\partial n}{\partial t} = g - \frac{\delta n}{\tau} + \frac{1}{e} \operatorname{div} \boldsymbol{j}_n \,, \tag{3.1 a}$$

$$\frac{\partial p}{\partial t} = g - \frac{\delta n}{\tau} - \frac{1}{e} \operatorname{div} \boldsymbol{j}_p \,, \tag{3.1 b}$$

$$\operatorname{div} \boldsymbol{F} = \frac{\varrho}{\varepsilon_r \varepsilon_0} \tag{3.1 c}$$

behandeln. Hierin bedeuten ϱ die Raumladung,

$$\boldsymbol{j}_n = \sigma_n \boldsymbol{F} + e D_n \operatorname{grad} n \,, \tag{3.2 a}$$

$$\boldsymbol{j}_p = \sigma_p \boldsymbol{F} - e D_p \operatorname{grad} p \,, \tag{3.2 b}$$

$$\sigma_n = e\mu_n n, \quad \sigma_p = e\mu_p p \,. \tag{3.2 c}$$

Für den Zusammenhang zwischen den Diffusionskoeffizienten und den Beweglichkeiten benutzen wir die EINSTEIN-Beziehungen

$$D_n = \frac{kT}{e} \mu_n \,, \quad D_p = \frac{kT}{e} \mu_p \,. \tag{3.3}$$

Die elektrische Stromdichte ist $\boldsymbol{j} = \boldsymbol{j}_n + \boldsymbol{j}_p$.

Wir schließen die Umladung von Lokaltermen aus[1] und untersuchen das System (3.1) für den eindimensionalen raumladungsfreien Fall $\delta n = \delta p$.

Aus der Kontinuitätsgleichung für $\boldsymbol{j}$

$$\frac{\partial \varrho}{\partial t} = \operatorname{div} \boldsymbol{j} \tag{3.4}$$

folgt mit $\varrho = 0$, $\frac{\partial}{\partial y} = \frac{\partial}{\partial z} = 0$ für die x-Komponente der Stromdichte $j_x = \text{const}$. Wie im Abschnitt 3.3.3. noch begründet wird, ist die Annahme $\varrho = 0$ eine gute Näherung besonders bei hoher Leitfähigkeit des Halbleiters, wenn die Debye-Länge klein gegenüber der Diffusionslänge ist (siehe unten).

Weiter benutzen wir die Neutralitätsbedingung, um in der Stromdichtegleichung n durch p ausdrücken zu können und einen Ausdruck für das elektrische Feld $\boldsymbol{F}$ zu gewinnen, das unseren Voraussetzungen genügt:

$$\boldsymbol{F} = \frac{\boldsymbol{j}}{e} \frac{1}{p\left(\frac{n(p)}{p}\mu_n + \mu_p\right)} + \frac{D_p - \frac{\mathrm{d}n(p)}{\mathrm{d}p} D_n}{p\left(\frac{n(p)}{p}\mu_n + \mu_p\right)} \operatorname{grad} p. \tag{3.5}$$

Einsetzen dieses Ausdrucks in (3.1 b) ergibt mit $\operatorname{div} \boldsymbol{j} = 0$ und $\boldsymbol{j} = \sigma \boldsymbol{F}_a$ unter Beachtung von $\delta p = \delta n$:

$$\frac{\partial \delta n}{\partial t} = g - \frac{\delta n}{\tau} + \operatorname{div}\left[D \operatorname{grad} \delta n\right] + \mu_F \boldsymbol{F}_a \operatorname{grad} \delta n. \tag{3.6}$$

Diese Gleichung hat die gleiche Struktur wie (3.1 a), beschreibt jedoch das gekoppelte Verhalten von Elektronen und Löchern im raumladungsfreien Fall. Es sind

$$D = \frac{D_n \sigma_p + D_p \sigma_n}{\sigma_n + \sigma_p} = \frac{n + p}{\frac{n}{D_p} + \frac{p}{D_n}} \tag{3.7}$$

---

[1] Eine allgemeine Behandlung unter Einschluß der Umladung von Lokaltermen gibt Auth [17].

der sogenannte ambipolare Diffusionskoeffizient und

$$\mu_F = \frac{\mu_n \sigma_p - \mu_p \sigma_n}{\sigma_n + \sigma_p} = \frac{p_0 - n_0}{\dfrac{n}{\mu_p} + \dfrac{p}{\mu_n}} \tag{3.8}$$

die sogenannte ambipolare Driftbeweglichkeit. Für μ_F und D gilt keine EINSTEIN-Beziehung!

Da D und μ_F von δn abhängen, ist (3.6) nichtlinear und nur in Spezialfällen linearisierbar, so daß D und μ_F unabhängig von δn werden.

– Für grad $\delta n = 0$ ergibt sich der in Abschnitt 2. behandelte Fall.
– Für Eigenhalbleiter $n_0 = p_0 = n_i$ oder starke Anregung $n \approx \delta n \approx \delta p \approx p$ wird

$$D = D_i = \frac{2D_n D_p}{D_n + D_p}, \quad \mu_F = 0\,. \tag{3.9}$$

Im Eigenhalbleiter hat das äußere elektrische Feld keinen Einfluß auf die räumliche Verteilung der Nichtgleichgewichtsträger, weil mit der elektrischen Gesamtstromdichte auch der durch das äußere Feld bedingte Teilchenstrom der einzelnen Trägersorten divergenzfrei ist.
– Bei schwacher Anregung $\delta n \ll n_0 + p_0$ wird

$$D = D_0 = \frac{n_0 + p_0}{\dfrac{n_0}{D_p} + \dfrac{p_0}{D_n}}, \quad \mu_F = \frac{p_0 - n_0}{\dfrac{n_0}{\mu_p} + \dfrac{p_0}{\mu_n}}\,. \tag{3.10}$$

Im n-Halbleiter wird mit $n_0 \gg p_0$ speziell $D_0 = D_p$, $\mu_F = -\mu_p$. Im p-Halbleiter wird mit $p_0 \gg n_0$ speziell $D_0 = D_n$, $\mu_F = \mu_n$. Im Störleitungsgebiet bestimmen die Eigenschaften der Minoritätsträger die Diffusion und Drift der Nichtgleichgewichtsträger.

Gleichung (3.6) ist unter folgenden Randbedingungen zu lösen:

$$j_{n\perp} = j_{p\perp} = -eD\,\mathrm{grad}_\perp\,\delta n = es\delta n\,. \tag{3.11}$$

Dabei ist s die Oberflächenrekombinationsgeschwindigkeit, $\text{grad}_\perp$ bedeutet die Ableitung in Richtung der Oberflächennormalen. Bei der Betrachtung von Diffusionsprozessen werden gewöhnlich charakteristische Größen mit der Dimension einer Länge eingeführt:

$$L_n = \sqrt{D_n \tau_n}, \quad L_p = \sqrt{D_p \tau_p}, \tag{3.12}$$

die als Diffusionslängen bezeichnet werden. Eine direkte Methode zur Bestimmung von L wird in Abschnitt 3.2.1. angegeben.

3.2. Lösungen der Bilanzgleichungen in Spezialfällen

Im gesamten Abschnitt 3.2. betrachten wir nur die linearisierte Differentialgleichung (3.6), das heißt D, τ und μ_F seien unabhängig von δn.

3.2.1. Lösungen ohne äußeres elektrisches Feld

(1) Der Halbleiter sei in x- und y-Richtung unendlich ausgedehnt; in z-Richtung, der Einstrahlrichtung, habe er die Dicke d. Bei den für die Interbandabsorption typischen Absorptionskoeffizienten K werden die Ladungsträger in einer dünnen Oberflächenschicht der Dicke $1/K = 10^{-5}$ bis 10^{-4} cm erzeugt; die Verteilung der Träger in z-Richtung wird durch die Diffusion von der belichteten Oberfläche in die Tiefe eingestellt. Für übliche Probendicken d ist $Kd \gg 1$; wenn außerdem die Bedingung für Oberflächenanregung

$$1/K \ll L \tag{3.13}$$

erfüllt ist, wird die Generation nicht in der Bilanzgleichung selbst, sondern in der Randbedingung an der Stelle $z = 0$ berücksichtigt. Zu behandeln ist dann das Problem

$$D \frac{\partial^2 \delta n(z)}{\partial z^2} - \frac{\delta n(z)}{\tau} = 0,$$

$$-D\left.\frac{\partial \delta n}{\partial z}\right|_{z=0} = Q_0 \eta \,(1-R_\lambda) - s_1 \delta n(0)\,,$$

$$-D\left.\frac{\partial \delta n}{\partial z}\right|_{z=d} = s_2 \delta n(d)\,. \qquad (3.14)$$

Q_0 ist die auf den Halbleiter auftreffende Quantenflußdichte, R_λ das Reflexionsvermögen. Die Lösung lautet

$$\delta n(z) = Q_0\,(1-R_\lambda)\,\eta$$
$$\times \frac{\dfrac{D}{L}\cosh\dfrac{d-z}{L} + s_2 \sinh\dfrac{d-z}{L}}{\left(s_1 s_2 + \dfrac{D}{\tau}\right)\sinh\dfrac{d}{L} + (s_1+s_2)\dfrac{D}{L}\cosh\dfrac{d}{L}}\,. \qquad (3.15)$$

Im Grenzfall $d \to \infty$ erhält man für endliche z

$$\delta n(z) = \delta n(0)\exp\left(-\frac{z}{L}\right). \qquad (3.16)$$

Diese Gleichung illustriert die Definition der Diffusionslänge L: Nach einer Entfernung L nimmt eine an einer Stelle im Halbleiter stationär aufrechterhaltene Überschußkonzentration auf den Bruchteil $1/e$ ab. Das Ergebnis (3.16) würden wir auch erhalten, wenn wir annehmen, daß bei $z<0$ ortsunabhängig die Konzentration $\delta n(0)$ aufrechterhalten wird. Dies zeigt zugleich die Bedeutung des Begriffs Diffusionslänge für die auf Injektion von Minoritätsträgern beruhenden Halbleiterbauelemente. Die genaue Kenntnis und Einstellung der Diffusionslänge ist von kaum geringerer Wichtigkeit als die genaue Kenntnis und Einstellung der Dotierung. Bei der direkten experimentellen Bestimmung der Diffusionslänge nach VALDES [18] belichtet man den Halbleiter mit einer streifenförmigen Lichtsonde der Breite $b \ll L$ und mißt die Photospannung zwischen einem im variablen Abstand z angebrachten punktförmigen Kollektor und dem unbelichteten Probengebiet. Wegen der anderen Randbedingung gilt statt

(3.16) jetzt

$$\delta n(z) = \delta n(0)\; H(z/L)\,. \tag{3.16a}$$

Die HANKEL-Funktion $H(z/L)$ geht für $z/L > 1$ in eine näherungsweise exponentielle Abhängigkeit $H(z/L) \approx \approx (z/L)^{-1/2} \cdot \exp(-z/L)$ über.

(2) Bei Volumenanregung $KL \lesssim 1$ wird die Generation in der Bilanzgleichung berücksichtigt, die Randbedingungen enthalten nur die Oberflächenrekombination:

$$D\,\frac{\partial^2\,\delta n(z)}{\partial z^2} - \frac{\delta n(z)}{\tau} + g = 0\,,$$

$$D\,\frac{\partial \delta n}{\partial z}\bigg|_{z=0} = s_1 \delta n(0)\,;\quad D\,\frac{\partial \delta n}{\partial z}\bigg|_{z=d} = -\,s_2 \delta n(d)\,. \tag{3.17}$$

Für homogene Anregung ($Kd \ll 1$) ist $g = g(0) = \mathrm{const}$, und die Lösung von (3.17) lautet:

$$\delta n(z) = g\tau\,(1 + A\mathrm{e}^{-z/L} + B\mathrm{e}^{z/L})$$

mit

$$A = -\left[s_1\left(\frac{D}{L} + s_2\right)\mathrm{e}^{d/L} + s_2\left(\frac{D}{L} - s_1\right)\right]\Big/2N\,,$$

$$B = -\left[s_1\left(\frac{D}{L} - s_2\right)\mathrm{e}^{-d/L} + s_2\left(\frac{D}{L} + s_1\right)\right]\Big/2N\,, \tag{3.18}$$

wobei N derselbe Nenner wie in (3.15) ist. Gradienten in der Nichtgleichgewichtsträgerkonzentration entstehen hier allein durch die Oberflächenrekombination.

(a) Im Spezialfall $s_1 = s_2 = 0$ wird $\delta n = g\tau$ unabhängig von z, so wie man das für diesen Fall anschaulich erwartet.

(b) Im Grenzfall $s_1 = 0$, $s_2 = \infty$ ergibt sich

$$\delta n(z) = g \cdot \tau\left(1 - \cosh\frac{z}{L} \cdot \operatorname{sech}\frac{d}{L}\right), \tag{3.19}$$

das heißt $\delta n(0) = g \cdot \tau\left(1 - \operatorname{sech}\dfrac{d}{L}\right) > \delta n(d) = 0.$

(c) Im entgegengesetzten Fall $s_1 = \infty$, $s_2 = 0$ erhält man

$$\delta n(z) = g \cdot \tau \left(1 - \cosh \frac{d-z}{L} \cdot \operatorname{sech} \frac{d}{L}\right), \qquad (3.20)$$

das heißt $\delta n(0) = 0 < \delta n(d) = g \cdot \tau \left(1 - \operatorname{sech} \frac{d}{L}\right)$.

(3) Auch bei Volumenanregung ist die Generationsrate im allgemeinen Fall ortsabhängig, wenn $Kd \ll 1$ nicht erfüllt ist (inhomogene Anregung)[1]: $g(z) = g(0)\, e^{-Kz}$. Die Lösung der Bilanzgleichung mit den Randbedingungen (3.17) und diesem Generationsterm lautet (außer im Spezialfall $KL \equiv 1$):

$$\delta n(z) = C\,\{A' e^{-z/L} + B' e^{z/L} + e^{-Kz}\}$$

mit

$$C = \frac{g(0)\,\tau}{(1+KL)(1-KL)},$$

$$A' = -\left[(s_1 + KD)\left(\frac{D}{L} + s_2\right) e^{d/L} + (s_2 - KD)\left(\frac{D}{L} - s_1\right) e^{-Kd}\right] / 2N,$$

$$B' = -\left[(s_1 + KD)\left(\frac{D}{L} - s_2\right) e^{-d/L} + (s_2 - KD)\left(\frac{D}{L} + s_1\right) e^{-Kd}\right] / 2N, \qquad (3.21)$$

wobei N wieder der Nenner in (3.15) ist.

Falls $s_{1,2} = 0$, geht (3.21) unter Beachtung von $g(0) = KQ_0\eta\,(1 - R_\lambda)$ im Grenzfall starker Absorption ($Kd \gg 1$, $KL \gg 1$) in (3.15) über, im Grenzfall schwacher

---

[1] Streng genommen müßte bei Behandlung einer Platte der Dicke d im Fall $Kd \lesssim 1$ die Vielfachreflexion der Strahlung berücksichtigt werden. Ausdrücke für $\delta n(z)$ unter Berücksichtigung der Vielfachreflexion werden in [19] angegeben.

Absorption ($Kd \ll 1$, $KL \ll 1$) in (3.18). Wegen des Zusammenwirkens von Volumenrekombination (berücksichtigt in der Bilanzgleichung) und Oberflächenrekombination (berücksichtigt in der Randbedingung) läßt sich im Fall $s \neq 0$ die Lösung (3.21) nur dann in die Lösung (3.15) bzw. (3.18) überführen, wenn man zusätzlich $KD \gg s_{1,2}$ bzw. $KD \ll s_{1,2}$ voraussetzt (siehe dazu auch Abschnitt 3.3.1. (2)).

(4) Im Gegensatz zu dem in Abschnitt 2. behandelten Fall ohne Diffusion ist die Lösung der Bilanzgleichung bei nichtlinearer Rekombination nicht immer möglich. Eine Übersicht über die existierenden Lösungen wird in Abschnitt 7. gegeben.

3.2.2. Lösungen mit äußerem elektrischem Feld

(1) Wir legen von außen nun ein näherungsweise konstantes elektrisches Feld in z-Richtung an. Die Bilanzgleichung lautet

$$\frac{\partial^2 \delta n(z)}{\partial z^2} + \frac{L_F}{L^2} \frac{\partial \delta n}{\partial z} - \frac{\delta n}{L^2} + \frac{1}{D} g(0)\, e^{-Kz} = 0 \,. \qquad (3.22)$$

Neben der Diffusionslänge $L = \sqrt{D\tau}$ wurde die Driftlänge $L_F = L^2 \cdot \frac{\mu_F F}{D} = \mu_F \cdot F \cdot \tau$ eingeführt. Als Lösung ergibt sich mit der Randbedingung $\delta n\,(z \gg L, 1/K, L_F) = 0$

$$\delta n(z) = A e^{-z/l} - \frac{g(0)\, e^{-Kz}}{D\left(K^2 + \frac{K L_F}{L^2} - \frac{1}{L^2}\right)}$$

mit

$$\frac{1}{l} = \frac{1}{L}\left(\sqrt{1 + \frac{L_F^2}{4L^2}} + \frac{L_F}{2L}\right). \qquad (3.23)$$

Im schwachen elektrischen Feld ($L_F \ll 2L$) wird $l = L$, die Diffusion wird durch das Feld nicht beeinflußt. Den Feldeinfluß untersuchen wir für einen n-Halbleiter

($\mu_F = -\mu_p$). Für $F > 0$ wird $L_F < 0$ und damit $l > L$, das Feld unterstützt die Diffusion. Für $F < 0$ wird $L_F = \mu_p |F| \tau > 0$ und $l < L$, das Feld behindert die Diffusion.

(2) Abschließend untersuchen wir das raumzeitliche Verhalten einer zur Zeit $t = 0$ am Ort $x = 0$ erzeugten Nichtgleichgewichtsträgerverteilung $g(x, t) = A\delta(x)\,\delta(t)$:

$$\frac{\partial \delta n(x,t)}{\partial t} = A\delta(x)\,\delta(t) - \frac{\delta n}{\tau} + \mu_F F \frac{\partial \delta n}{\partial x} + D\frac{\partial^2 \delta n}{\partial x^2}\,. \tag{3.24}$$

Die Lösung ist

$$\delta n(x,t) = \frac{A}{\sqrt{4\pi D t}} \exp\left(-\frac{(x + \mu_F F t)^2}{4Dt}\right) \exp\left(-\frac{t}{\tau}\right)$$

mit

$$\int_{-\infty}^{+\infty} \delta n(x,t)\,\mathrm{d}x = A \exp(-t/\tau)\,. \tag{3.25}$$

Die Dichteverteilung wird also durch eine Gaussssche Fehlerfunktion beschrieben, deren Schwerpunkt sich mit der Geschwindigkeit $-\mu_F F$ bewegt (Abb. 3.1). Die

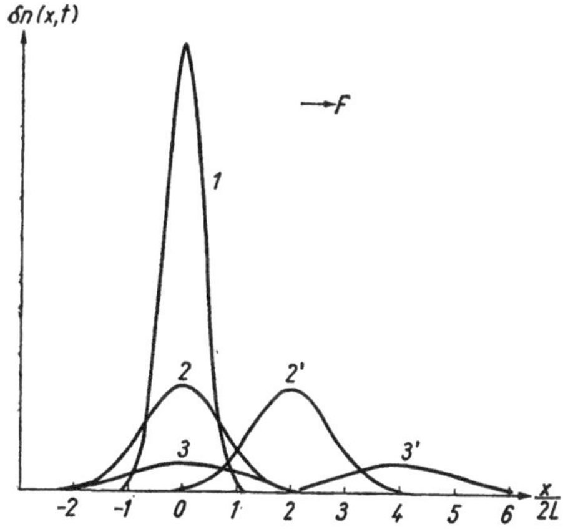

Abb. 3.1. Veränderung einer δ-artigen Verteilung von Trägern
1 — $\delta n(x)$ zum Zeitpunkt $t \gtreqless 0$
2, 3 — $\delta n(x, t)$ zur Zeit $t > 0$ im Eigenhalbleiter bzw. für $F = 0$
2', 3' — $\delta n(x, t)$ zur Zeit $t > 0$ im n-Halbleiter ($\mu_F = -\mu_p$) für $F \neq 0$

Trägerzahl klingt exponentiell ab. Im Eigenhalbleiter ist $\mu_F = 0$, die Nichtgleichgewichtsträger diffundieren und rekombinieren wie im feldfreien Fall. Der Schwerpunkt der GAUSS-Kurve bleibt für alle t bei $x = 0$, die Amplitude nimmt mit wachsendem t ab, und die Halbwertsbreite wächst an. Im n-Halbleiter ist $\mu_F = -\mu_p$. Der Schwerpunkt der Ladungsverteilung bewegt sich in Richtung des elektrischen Feldes. Im p-Halbleiter ist $\mu_F = \mu_n$, die Ladungsverteilung bewegt sich entgegen der Feldrichtung. Die Dichteabweichungen verhalten sich also im elektrischen Feld wie die Minoritätsträger. Wir kommen darauf in 3.3.3. noch einmal zurück. Diese Überlegungen liegen der bekannten Methode zur Bestimmung der Driftgeschwindigkeit der Minoritätsträger nach SHOCKLEY und HAYNES [20] zugrunde.

3.3. Photoeffekte

Bei der Diskussion der Photoeffekte setzen wir folgende Geometrie voraus: Die Probe sei in ganzer Breite w ausgeleuchtet. Die Länge des belichteten Gebietes l' sei genügend groß, so daß Randeffekte vernachlässigt werden können. Die Kontakte werden nicht belichtet. Die optische Anregung sei nur eine Funktion von z. Die bei der Untersuchung der Photoleitung von außen an den Kristall angelegten beziehungsweise die im Kristall entstehenden inneren elektrischen Felder (siehe Abschnitte 3.3.2., 3.3.4.) seien so schwach, daß wir ihren Einfluß auf die Nichtgleichgewichtsträgerkonzentration und -verteilung vernachlässigen können. Die Bedingung hierfür war $\frac{\mu \cdot \tau \cdot F}{L} \ll 1$. Die stationäre Verteilung $\delta n(z)$ ist dann durch (3.21) gegeben. Auf die Zeitabhängigkeit der Photoeffekte gehen wir im Abschnitt 3.4. ein. Im Fall homogener Anregung und Vernachlässigung der Oberflächenrekombination hängt δn nicht von z ab, und wir können $\delta n(t)$ aus den Ergebnissen des 2. Abschnittes entnehmen.

3.3.1. Photoleitfähigkeit

(1) Wir legen an die Probe ein äußeres Feld $\boldsymbol{F} = (F, 0, 0)$ in x-Richtung. Dann erhalten wir für die Stromdichte in x-Richtung

$$j_x(z) = \sigma(z)\, F = \sigma_0 F + e\,[\mu_n \delta n(z) + \mu_p \delta p(z)]\, F \tag{3.26}$$

und für den Strom

$$I = w \int_0^d \sigma(z)\, \mathrm{d}z \cdot F = (G_0 + \Delta G)\, U\,. \tag{3.27}$$

Dabei sind G_0 der Dunkelleitwert der Probe, $U = F \cdot l$ die anliegende Spannung und

$$\Delta G = e\mu_p \left(1 + b\,\frac{\delta n}{\delta p}\right) \frac{w}{l} \int_0^d \delta p(z)\, \mathrm{d}z$$
$$= e\mu_p \left(1 + b\,\frac{\delta n}{\delta p}\right) \frac{w}{l}\, \Delta p \tag{3.28}$$

die Leitwertänderung bei Belichtung, wobei wir noch $\frac{\delta n}{\delta p}$ als unabhängig von z angenommen und $b = \mu_n/\mu_p$ eingeführt haben. Die Berechnung von ΔG ist bei Verwendung von $\delta n(z)$ aus (3.21) möglich. Zur Messung der Leitwertänderung wird die Probe über einen Vor- bzw. Lastwiderstand R_L an die wechselstrommäßig kurz-

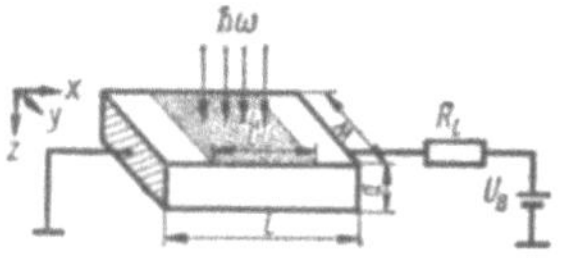

Abb. 3.2

geschlossene Spannungsquelle U_B angeschlossen (Abb. 3.2.). Der Zusammenhang zwischen der Signalspannung und der Leitwertänderung ist in zwei Grenzfällen linear:

– Messung mit konstantem Strom (durch den Photoleiter): Für $1/G_0 \ll R_L$ und $\Delta G \ll G_0$ (schwache Anregung) gilt für die am Photoleiter auftretende Signalspannung ΔU_s

$$\Delta U_s = -\Delta G \frac{1}{G_0^2} \cdot \frac{U_B}{R_L}, \tag{3.29}$$

– Messung mit konstanter Spannung (am Photoleiter): Für $1/(G_0 + \Delta G) \gg R_L$ gilt für die am Lastwiderstand auftretende Signalspannung $\Delta U'_s$

$$\Delta U'_s = \Delta G \cdot U_B \cdot R_L . \tag{3.30}$$

Diese Schaltung ist besonders für Messungen bei starker Anregung geeignet. Zur Erzielung optimaler Empfindlichkeit werden Photoleiter häufig an den Lastwiderstand leistungsangepaßt ($G_0 R_L = 1$). Bei schwacher Anregung ($\Delta G \ll G_0$) gilt dann

$$\Delta U''_s = \frac{1}{4} U_B \cdot \frac{\Delta G}{G_0} . \tag{3.31}$$

(2) Wir werten (3.28) für den Spezialfall $\delta n = \delta p$ (keine Haftprozesse), $s_1 = s_2 = s$, $Kd \gg 1$ (starke Absorption) aus. Unter Verwendung von (3.21) finden wir im Grenzfall $1/K \ll L \ll d$

$$\Delta n = \eta Q_0 (1 - R_\lambda) \frac{\tau}{1 + \frac{s\tau}{L}} \tag{3.32}$$

und im Grenzfall $1/K \ll d \ll L$

$$\Delta n = \eta Q_0 (1 - R_\lambda) \tau \frac{1 + S \frac{d}{L}}{2S \frac{L}{d} + 1 + S^2} . \tag{3.33}$$

Die Oberflächenrekombination bewirkt eine Verringerung der Überschußträgerkonzentration, die charakterisiert wird durch das Rekombinationsverhältnis $S = s\tau/L$.

Für $S \ll 1$ können wir (3.33) auch wie folgt schreiben:

$$\Delta n = \eta Q_0 (1 - R_\lambda) \tau_{\text{eff}} \quad \text{mit} \quad \frac{1}{\tau_{\text{eff}}} = \frac{1}{\tau} + \frac{2s}{d}. \qquad (3.34)$$

Dies können wir im Sinne von (2.11) als Vorschrift für die Bildung der effektiven Lebensdauer bei gleichzeitiger Rekombination im Volumen und an der Oberfläche auffassen. Schon der Vergleich mit (3.32) zeigt aber, daß die konkrete Form dieser Vorschrift wesentlich vom Verhältnis der charakteristischen Längen L, d, $s\tau$, $1/K$ zueinander abhängt. Für $1/\tau \ll 2s/d$ kann (3.34) als Grundlage für die experimentelle Bestimmung der Oberflächenrekombinationsgeschwindigkeit s dienen. Für die Anwendungen interessiert noch der Fall schwacher Absorption. Für $KL \ll 1$, $s_1 = s_2 = 0$ ergibt sich

$$\Delta n = Q_0 \eta (1 - R_\lambda)(1 - e^{-Kd}) \tau . \qquad (3.35)$$

In Fällen unvollständiger Absorption $(1 - e^{-Kd}) < 1$ führt man häufig eine sogenannte effektive (äußere) Quantenausbeute ein, die angibt, wie viele Elektron-Loch-Paare pro auftreffendes Quant erzeugt werden:

$$\Delta n = Q_0 \eta_{\text{eff}} \tau \quad \text{mit} \quad \eta_{\text{eff}} = \eta (1 - R_\lambda)(1 - e^{-Kd}). \qquad (3.36)$$

(3) Wichtige Aussagen über einen Halbleiter erhält man aus der spektralen Verteilung der Eigenphotoleitfähigkeit. In Abbildung 3.3 ist für den Halbleiter Tellur $\Delta n / Q_0 (1 - R_\lambda)$ über der Quantenenergie aufgetragen [21]. An der Absorptionskante $\hbar\omega \gtrapprox E_g$ ist zunächst $Kd \ll 1$, es ist $\Delta n / Q_0 (1 - R_\lambda) = \eta K d \tau$. Die spektrale Verteilung der Photoleitfähigkeit folgt also dem Absorptionsspektrum, dies wird als Methode zur Bestimmung kleiner Absorptionskoeffizienten genutzt. Mit wachsendem Absorptionskoeffizienten K erfolgt die Anregung in einer immer dünneren Oberflächenschicht, bis schließlich reine Oberflächenanregung vorliegt. Ist die Oberflächenrekombinationsgeschwindigkeit klein ($S \ll 1$) und $L \ll d$, folgt aus (3.32) ein Sättigungswert der Photoleitfähigkeit $\Delta n = \eta Q_0 (1 - R_\lambda) \tau$. Für $S \gtrapprox 1$ nimmt die Photoleit-

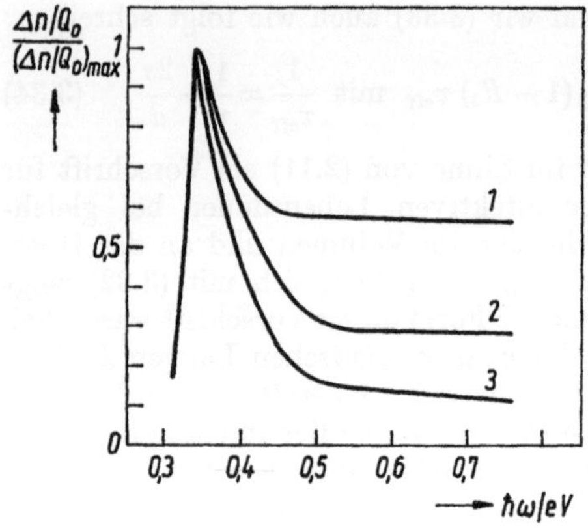

Abb. 3.3. Spektrale Verteilung der Photoleitfähigkeit von drei Tellurproben mit unterschiedlicher Oberflächenrekombinationsgeschwindigkeit ($s_3 > s_2 > s_1$)

fähigkeit nach einem Maximum nahe der Absorptionskante wieder ab, aus dem Verhältnis von Maximalwert und Sättigungswert für $\hbar\omega \gg E_g$ kann das Rekombinationsverhältnis S und damit die Oberflächenrekombinationsgeschwindigkeit s bestimmt werden [22, 23].

3.3.2. DEMBER-*Effekt*

In Abschnitt 3.1. haben wir gezeigt, daß bei bipolarer inhomogener Generation von Elektron–Loch-Paaren wegen der unterschiedlichen Diffusionskoeffizienten von Elektronen und Löchern die Raumladungsfreiheit $\delta n = \delta p$ dadurch erzwungen wird, daß sich ein inneres elektrisches Feld in Richtung des Konzentrationsgradienten der Nichtgleichgewichtsträger aufbaut, das sogenannte DEMBER-Feld. Wir betrachten wie bisher Gradienten in z-Richtung. Unter der Voraussetzung $j_z \equiv 0$ ergibt sich das DEMBER-Feld unmittelbar aus

(3.5). Mit Hilfe der EINSTEIN-Beziehungen schreiben wir

$$F_z(z) = -\frac{kT}{e} \frac{\mu_n \frac{\partial \delta n}{\partial z} - \mu_p \frac{\partial \delta p}{\partial z}}{n\mu_n + p\mu_p} \tag{3.37}$$

bzw. bei schwacher Anregung

$$U_{\mathrm{D}} = \int_0^d F_z(z)\,\mathrm{d}z = \frac{kT}{e} \frac{\mu_n - \mu_p}{n_0\mu_n + p_0\mu_p} \left[(\delta n(0) - \delta n(d)\right]. \tag{3.38}$$

Das DEMBER-Feld ist so gerichtet, daß die Träger mit der größeren Beweglichkeit gebremst, die Träger mit der kleineren Beweglichkeit beschleunigt werden, so daß sich Elektronen und Löcher mit der gleichen Geschwindigkeit in z-Richtung bewegen und so zwar ein Teilchenstrom, jedoch kein elektrischer Strom auftritt (ambipolare Diffusion). Wenn $\mu_n = \mu_p$, sind bereits die Diffusionsströme für Elektronen und Löcher gleich und daher $F_z = 0$. Ist eine Trägersorte unbeweglich, wird F_z maximal. Die bewegliche Trägersorte diffundiert unter diesen Bedingungen nur über eine begrenzte Wegstrecke. Da die Träger mit dem anderen Vorzeichen nicht folgen können, entsteht eine Raumladung und mit dieser verknüpft das Feld F_z, das die weitere Bewegung der beweglichen Träger abbremst. Somit fließt unter diesen Bedingungen auch kein Teilchenstrom. Der hier diskutierte DEMBER-Effekt kann allerdings nicht ohne weiteres gemessen werden, da die Potentialdifferenzen an den Kontakten die DEMBER-Spannung unter bestimmten Voraussetzungen kompensieren. Anders verhält es sich in einem anisotropen Halbleiter, in dem die Beweglichkeit anisotrop und darüber hinaus die Beweglichkeitsanisotropie für Elektronen und Löcher verschieden ist. Bei geeigneter Orientierung der Meßprobe tritt in diesem Fall ein elektrisches Feld transversal zur Lichtrichtung auf, das direkt gemessen werden kann, der sogenannte transversale DEMBER-Effekt [24, 25, 26].

3.3.3. *Raumladungen und Neutralitätsbedingung*

Das Auftreten einer EMK im Halbleiter, wie des DEMBER-Effekts, ist natürlich mit dem Auftreten von Raumladungen verknüpft, deren Feld durch die POISSON-Gleichung bestimmt wird:

$$\operatorname{div} \boldsymbol{F} = \frac{e}{\varepsilon_0 \varepsilon_r} (p - n + N_D^+ - N_A^-) = \frac{\varrho}{\varepsilon_0 \varepsilon_r}, \qquad (3.39)$$

wo ε_0 die Dielektrizitätskonstante des Vakuums, ε_r die relative Dielektrizitätskonstante des Mediums, N_D^+ und N_A^- die Konzentration der ionisierten Donatoren und Akzeptoren bedeuten. Mit $p_0 - n_0 + N_D^+ - N_A^- = -\delta n_h$, der Konzentration der Nichtgleichgewichtselektronen in den Zentren, läßt sich die Raumladung ϱ umschreiben;

$$\varrho = e\,(\delta p - \delta n - \delta n_h)$$

beziehungsweise im Grenzfall vernachlässigbarer Zentrenumladung $\delta n_h \ll \delta p - \delta n$

$$\varrho = e\,(\delta p - \delta n)\,.$$

Das Auftreten innerer Felder ist also stets mit einer Verletzung der Neutralitätsbedingung $\delta n = \delta p$ bzw. $\delta p = \delta n + \delta n_h$ verbunden. Trotzdem haben wir oben das DEMBER-Feld F_z unter der Voraussetzung $\delta n = \delta p$ berechnet. Dies ist nur ein scheinbarer Widerspruch, da wir das DEMBER-Feld nicht mit Hilfe der POISSON-Gleichung, sondern mit Hilfe der Stromgleichungen berechnet haben, wobei wir die tatsächliche geringe Abweichung von der Neutralität vernachlässigen können. In der Tat, bei einem Feldstärkegradienten von $\frac{\mathrm{d}F}{\mathrm{d}x} = 100\ \mathrm{V/cm^2}$ und $\varepsilon_r = 16$ ergibt sich eine Konzentration im Raumladungsgebiet von $\frac{\varrho}{e} = \frac{\varepsilon_0 \varepsilon_r}{e} \cdot \frac{\mathrm{d}F}{\mathrm{d}x} = 7{,}5 \cdot 10^8\ \mathrm{cm^{-3}}$, und das ist sehr klein gegenüber den selbst bei schwacher Belichtung erzielbaren Konzentrationen der Nichtgleichgewichtsträger $\delta n, \delta p$, so daß in sehr guter Näherung $\delta n = \delta p$ gesetzt werden darf. Über die räumlichen Entfernungen und über die Zeiten, in denen sich Raumladungen überhaupt halten können, gewinnt man eine Vorstellung, wenn man die Kontinuitätsgleichung $\frac{\partial \varrho}{\partial t} = -\operatorname{div} \boldsymbol{j}$ in zwei Grenzfällen betrachtet.

(1) Am Ort $x = 0$ wird die Dichte der Majoritätsträger stationär auf $n_0 + \delta n(0)$ erhöht. Dann gilt nach Linearisierung $0 = -\operatorname{div} \boldsymbol{j} = -\sigma \operatorname{div} \boldsymbol{F} - eD \operatorname{div} \operatorname{grad} \varrho$ mit der Lösung im eindimensionalen Fall

$$\varrho(x) = \varrho(0) \cdot \mathrm{e}^{-x/L_\mathrm{M}} \quad \text{mit} \quad L_\mathrm{M} = \sqrt{\frac{D \cdot \varepsilon_0 \varepsilon_\mathrm{r}}{\sigma}}\,, \tag{3.40}$$

das heißt die Raumladung klingt örtlich mit der Debye-Länge L_M ab. Setzen wir für D die Einstein-Beziehung und für σ den mikroskopischen Ausdruck ein, erhalten wir die übliche Schreibweise für die Debye-Länge

$$L_\mathrm{M} = \sqrt{\frac{kT \varepsilon_0 \varepsilon_\mathrm{r}}{e^2 n}}\,. \tag{3.40a}$$

(2) Zur Zeit $t = 0$ wird die Dichte im gesamten Volumen auf $n_0 + \delta n$ erhöht. Dann gilt

$$\frac{\partial \varrho}{\partial t} = -\operatorname{div} \boldsymbol{j} = -\operatorname{div} \sigma \cdot \boldsymbol{F} = -\sigma \cdot \operatorname{div} \boldsymbol{F} = -\frac{\varrho}{\tau_\mathrm{M}} \tag{3.41}$$

mit der Lösung $\varrho(t) = \varrho(0) \exp(-t/\tau_\mathrm{M})$ mit $\tau_\mathrm{M} = \frac{\varepsilon_0 \varepsilon_\mathrm{r}}{\sigma}$, das heißt, die Raumladung klingt zeitlich mit der Maxwellschen Relaxationszeit τ_M ab.

Zwischen L_M und τ_M besteht ein analoger Zusammenhang wie zwischen der Diffusionslänge L und der Lebensdauer τ:

$$L_\mathrm{M} = \sqrt{D \tau_\mathrm{M}}\,. \tag{3.42}$$

Eine Abschätzung für τ_M und L_M mit $\varepsilon_\mathrm{r} = 16$, $n = 10^{16}\,\mathrm{cm}^{-3}$ liefert $\tau_\mathrm{M} = 2{,}5 \cdot 10^{-13}\,\mathrm{s}$, $L_\mathrm{M} = 4{,}6 \cdot 10^{-6}\,\mathrm{cm}$, das heißt, Raumladungen können sich zeitlich und räumlich nur sehr begrenzt halten. Werden in einem n-Halbleiter zum Beispiel nur Löcher erzeugt, so baut sich innerhalb von τ_M eine gleich große Zusatzkonzentration der Majoritätsträger auf, so daß eine neutrale Dichteabweichung entsteht, die über eine Strecke diffundiert, die durch die Diffusionslänge der Minoritätsträger (Löcher) gegeben ist. Sind diese unbeweglich, entfernt sich der Schwerpunkt der Majoritätsnichtgleichgewichtsträger nur um L_M von den Minoritätsträgern. Wird ein elektrisches Feld angelegt, bewegt sich die neutrale Dichteabweichung so, wie die Minoritätsträger sich bewegen, weil die Majoritätsträger infolge ihrer viel kleineren MAXWELLschen Relaxationszeit der Bewegung der Minoritätsträger praktisch trägheitslos folgen können. Im Eigenhalbleiter oder bei sehr starker Belichtung jedoch ist $n = p$, das heißt, die Relaxationszeiten für beide Trägersorten sind gleich. Das elektrische Feld trennt die Trägersorten bis auf etwa den Abstand L_M. Dann wird das innere Feld der Raumladung, das dem äußeren Feld entgegengerichtet ist, so stark, daß sich beide gegenseitig aufheben, die (annähernd) neutrale Dichteabweichung bewegt sich unter dem Einfluß des äußeren elektrischen Feldes nicht.

3.3.4. Photoelektromagnetischer Effekt [27]

Auf die bei inhomogener Anregung in z-Richtung fließenden Ströme von Elektronen und Löchern wirkt ein Magnetfeld $\boldsymbol{B} = (0, B, 0)$ vermittels der LORENTZ-Kraft. Dieser Effekt heißt photoelektromagnetischer Effekt (PEM-Effekt). Wir untersuchen ihn hier für den Fall schwacher Magnetfelder $\mu B \ll 1$. Die infolge des DEMBER-Feldes dem Betrag nach gleichen, aber entgegengesetzt gerichteten Ströme in z-Richtung (Abb. 3.4.)

$$j_p^z = -j_n^z = -eD\frac{\partial \delta n}{\partial z} \tag{3.43}$$

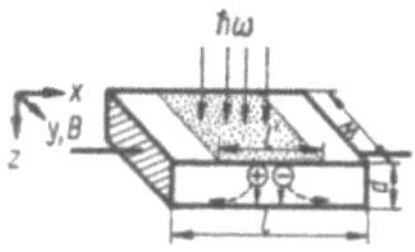

Abb. 3.4

mit D nach (3.7) werden im Magnetfeld in entgegengesetzte Richtungen abgelenkt. Es entstehen Stromkomponenten in x-Richtung:

$$j_n^x = e\mu_n n F_x + \mu_n j_n^z B\,,$$
$$j_p^x = e\mu_p p F_x - \mu_p j_p^z B\,. \qquad (3.44)$$

Daraus erhält man für den PEM-Kurzschlußstrom ($F_x = 0$)

$$I_{\mathrm{PEM}} = w \int_0^d (j_n^x + j_p^x)\,\mathrm{d}z$$
$$= -2kTw\mu_n\mu_p B\left[\delta n(0) - \delta n(d) - \frac{1}{2}\,\frac{b-1}{b+1} \times (n_0 - p_0)\ln\frac{\sigma(0)}{\sigma(d)}\right]. \qquad (3.45)$$

Die PEM-Leerlaufspannung erhält man aus

$$U_{\mathrm{PEM}} = -\frac{I_{\mathrm{PEM}}}{G}\,, \qquad (3.46)$$

wobei $G = G_0 + \Delta G$ der Leitwert der Probe ist (siehe Abschnitt 3.3.1.). Im Grenzfall schwacher Anregung $\delta n \ll n_0 + p_0$ wird $\sigma(d) \approx \sigma(0) \approx \sigma_0$, $G \approx G_0$ und damit

$$I_{\mathrm{PEM}} = weB\,\frac{kT}{e}\,\mu_n\mu_p\,\frac{(n_0+p_0)(\mu_n+\mu_p)}{\mu_n n_0 + \mu_p p_0}\,[\delta n(0) - \delta n(d)]$$
$$= wBeD_0\,(\mu_n + \mu_p)\,[\delta n(0) - \delta n(d)] \qquad (3.47)$$

und

$$U_{\mathrm{PEM}} = \frac{-I_{\mathrm{PEM}}}{G_0}\,.$$

Mißt man unter sonst gleichen Bedingungen auch den Photostrom $I_{\mathrm{PL}} = \Delta G \cdot l \cdot F$ (F – äußeres Feld), ergibt sich für den Fall der Oberflächenanregung mit $\delta n(z)$ gemäß (3.15)

$$\frac{I_{\mathrm{PL}}}{I_{\mathrm{PEM}}} = \frac{F}{B}\left(\frac{\tau}{D_0}\right)^{1/2} \frac{1 + \frac{s_2 L}{D}\left(\cosh\frac{d}{L} - 1\right)\operatorname{cosech}\frac{d}{L}}{\frac{s_2 L}{D} + \left(\cosh\frac{d}{L} - 1\right)\operatorname{cosech}\frac{d}{L}}, \tag{3.48}$$

woraus für dicke Proben ($d/L \gg 1$)

$$\frac{I_{\mathrm{PL}}}{I_{\mathrm{PEM}}} = \frac{F}{B}\left(\frac{\tau}{D_0}\right)^{1/2} \tag{3.49}$$

folgt. Dies bietet eine Möglichkeit zur Bestimmung der Volumenlebensdauer τ, die frei ist von Fehlerquellen infolge ungenauer Kenntnis der Lichtintensität, der Quantenausbeute und des Reflexionsvermögens. Außerdem geht die Oberflächenrekombination an der belichteten Vorderseite nicht in das Ergebnis ein. Falls der Dunkelstrom vernachlässigbar ist, kann man die PEM-Spannung mittels der Photoleitungsspannung kompensieren. Direkte Meßgröße ist dann das äußere Feld F, bei dem $I_{\mathrm{PL}} = I_{\mathrm{PEM}}$ ist. Wenn der Dunkelstrom nicht vernachlässigbar ist, kann bei Anwendung von Wechsellicht eine Wechselspannungskompensation vorgenommen werden [28]. Für dünne Proben ($d/L \ll 1$) folgt andererseits

$$\frac{I_{\mathrm{PL}}}{I_{\mathrm{PEM}}} = \frac{F}{B} \frac{\left(1 + \frac{s_2 d}{2D}\right)}{s_2 + d/2\tau}, \tag{3.50}$$

woraus s_2, die Oberflächenrekombinationsgeschwindigkeit an der unbelichteten Rückseite der Probe, ermittelt werden kann. Es sei angemerkt, daß U_{PEM} bei starker Anregung unabhängig von der Lichtintensität wird. Das gilt aber nur in dem vorausgesetzten Fall der linearen Rekombination, bei dem $\delta n(0)$ und $\int \delta n(z)\,\mathrm{d}z$, das heißt PEM-Kurzschlußstrom und Photostrom, beide linear von der Lichtintensität abhängen. Im Fall nichtlinearer Rekombination strebt U_{PEM} für hohe Intensitäten keinem Sättigungswert zu. Die spektrale Verteilung des PEM-Effekts kann berechnet werden, wenn $\delta n(0)-\delta n(d)$ mit Hilfe von (3.21) bestimmt wird. Da es hier nicht wie bei der Photoleitung auf die Gesamtzahl der erzeugten Träger Δn, sondern auf den Gradienten beziehungsweise für $\delta n(d) \ll \delta n(0)$ auf die Konzentration an der belichteten Oberfläche $\delta n(0)$ ankommt, wird erstens der für die Photoleitfähigkeit charakteristische starke Abfall bei kurzen Wellenlängen nicht beobachtet, zweitens verschwindet der PEM-Effekt bereits bei den Wellenlängen, bei denen die Photoleitung ihr Maximum erreicht, weil bei annähernd homogener Anregung der Ladungsträgergradient sehr klein wird, wenn nicht die Oberflächenrekombinationsgeschwindigkeiten sehr unterschiedlich sind. Ist speziell $s_2 \ll s_1$, kann sich in diesem Gebiet der Gradient sogar umkehren und ein negativer PEM-Effekt auftreten [29]. Zur Ausbildung eines stationären PEM-Effekts müssen bewegliche Minoritätsträger erzeugt werden, weil andernfalls das Dember-Feld den Teilchenstrom in z-Richtung zu Null macht und somit keine Ablenkung im Magnetfeld erfolgen kann. Speziell existiert also kein stationärer PEM-Effekt bei Anregung allein von Majoritätsträgern im Gebiet der Störstellenanregung (es gibt aber einen sogenannten PEM-Effekt heißer Ladungsträger [30], siehe Abschnitt 6.1. (3)).

Ist infolge nicht zu vernachlässigender Umbesetzung von Zentren (bei großer Zahl der Rekombinationszentren beziehungsweise bei Hafteffekten, siehe Abschnitt 2.) $\delta n \neq \delta p$ und $\tau_n \neq \tau_p$, so ist τ in den obigen Formeln für den PEM-Effekt durch

$$\tau_{\text{PEM}} = \frac{\tau_n p_0 + \tau_p n_0}{n_0 + p_0} \tag{3.51}$$

zu ersetzen. Im n-Halbleiter wird dann $\tau_{\text{PEM}} = \tau_p$, im p-Halbleiter $\tau_{\text{PEM}} = \tau_n$. Der PEM-Effekt wird also durch die Minoritätsträger-Lebensdauer bestimmt, die Photoleitung dagegen durch die Lebensdauer der Majoritätsträger.

3.3.5. *Photo*-HALL-*Effekt*

Eine weitere Möglichkeit, die stationären Konzentrationen von Elektronen und Löchern und damit deren Lebensdauern nebeneinander zu bestimmen, bietet im Prinzip die gleichzeitige Messung von Photoleitfähigkeit und Photo-HALL-Effekt. Als Photo-HALL-Effekt wird die Änderung der HALL-Spannung bei Belichtung des Halbleiters bezeichnet, dabei handelt es sich also um den HALL-Effekt am Photostrom. Für die Änderung des HALL-Koeffizienten gilt [31] bei schwacher und homogener Anregung

$$\Delta R_{\mathrm{H}} = \frac{re\,(\delta p \mu_p^2 - \delta n \mu_n^2)}{(\sigma_0 + \delta\sigma)^2} - \frac{2re\delta\sigma\,(p_0 \mu_p^2 - n_0 \mu_n^2)}{\sigma_0\,(\sigma_0 + \delta\sigma)^2} \tag{3.52}$$

(r – Streufaktor).

Die Messung des Photo-HALL-Effekts erfordert insbesondere bei Oberflächenanregung eine saubere Kontaktgeometrie.

3.4. *An- und Abklingen bei inhomogener Anregung*

Die Lösung der zeitabhängigen Gleichung (3.1) bei Berücksichtigung der räumlich inhomogenen Generation und der Diffusion ist außerordentlich kompliziert. In den Fällen, in denen die Differentialgleichung linearisiert werden kann, gelingt eine allgemeine Lösung mit Hilfe der GREENschen Funktion. Für eine optische Generation der Form $g(z, t) = Q_0 \eta K \mathrm{e}^{-Kz} \cdot g(t)$ wurde dieses Problem von LAŠKAREV und Mitarbeitern [32] gelöst.

Wie wir gesehen haben, ist für die Berechnung der Photoeffekte nur die Kenntnis von $\delta n(0, t)$ und $\int \delta n(z, t)\,\mathrm{d}z = \Delta n(t)$ erforderlich. Wir werden hier nur auf den Spezialfall starker Absorption und kleiner Oberflächenrekombination eingehen, das heißt $\frac{KD}{s_1} \gg 1$,

$K^2D\tau \gg 1$, $s_1 \sqrt{\frac{\tau}{D}} \ll 1$ voraussetzen. In diesem Fall ergibt sich

$$\delta n(0,t) = \frac{Q_0\eta}{\sqrt{\pi D}} \int_{-\infty}^{t} \frac{\exp\left(-\frac{t-t_0}{\tau}\right)}{\sqrt{t-t_0}} g(t_0)\,\mathrm{d}t_0\,,$$

$$\Delta n(t) = Q_0\eta \int_{-\infty}^{t} \exp\left(-\frac{t-t_0}{\tau}\right) g(t_0)\,\mathrm{d}t_0 \qquad (3.53)$$

für beliebige zeitliche Anregungsfunktion $g(t_0)$.

Für das Anklingen nach Einschalten einer konstanten Belichtung $g\,(t_0 > 0) = 1$ bei $t = 0$ ergibt sich

$$\delta n(0,t) = Q_0\eta \sqrt{\frac{\tau}{D}} \left[1 - \exp\left(-\frac{t}{\tau}\right)\right] w\left(\sqrt{\frac{t}{\tau}}\right),$$

$$\Delta n(t) = Q_0\eta\tau \left[1 - \exp\left(-\frac{t}{\tau}\right)\right]. \qquad (3.54)$$

Hier ist

$$w(x) = \mathrm{e}^{x^2}(1 - \varphi(x)) \quad \text{mit} \quad \varphi(\sqrt{qu}) = \sqrt{\frac{q}{\pi}} \int_0^u \frac{\mathrm{e}^{-qx}}{x}\,\mathrm{d}x\,.$$

Die stationären Endwerte für $t \to \infty$ sind

$$\Delta n(\infty) = Q_0\eta\tau = \delta n(0,\infty) \cdot L\,. \qquad (3.55)$$

Entsprechend gilt für das Abklingen

$$\delta n(0,t) = Q_0\eta \sqrt{\frac{\tau}{D}} \exp\left(-\frac{t}{\tau}\right) w\left(\sqrt{\frac{t}{\tau}}\right),$$

$$\Delta n(t) = Q_0\eta\tau \exp\left(-\frac{t}{\tau}\right). \qquad (3.56)$$

Während $\Delta n(t)$ exponentiell mit der Zeitkonstanten τ an- bzw. abklingt, reagiert die Oberflächenkonzentration in der Regel schneller, wie sich das aus dem Faktor $w\left(\sqrt{\frac{t}{\tau}}\right)$ in (3.54) ergibt. Von δn unabhängige An- und

Abklingzeiten ergeben sich bei schwachen Lichtintensitäten für alle betrachteten Rekombinationsmechanismen und bei starker Belichtung im Fall der Rekombination über Zentren. Da bei $\delta n \ll n_0 + p_0$ gilt $U_{\text{PEM}} \approx \delta n(0, t)/g_0$ und $U_{\text{PL}} \approx \Delta n(t)$, haben wir den in Abbildung 3.5a dargestellten Verlauf.

Bei $\delta n \gg n_0 + p_0$ dagegen ist $U_{\text{PEM}} \approx \delta n(0, t)/\Delta n(t)$, das heißt, zunächst wächst $\delta n(0, t)$ schneller an als Δn,

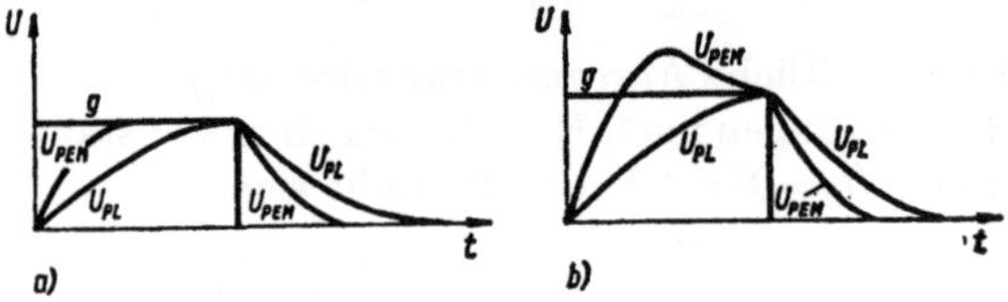

Abb. 3.5. Zeitlicher Verlauf der Photoleitfähigkeits- und der PEM-Spannung bei schwacher (a) und starker (b) Anregung

so daß U_{PEM} ein Maximum durchlaufen kann, bevor es sich auf den stationären Wert einstellt [33], siehe Abbildung 3.5b.

4. Photoeffekte in inhomogenen Halbleitern

Bereits im homogenen Halbleiter entstehen bei inhomogener Belichtung innere Felder (Dember-Effekt). In inhomogenen Halbleitern treten weitere Effekte auf, die grundsätzlich als eine Modulation der Tiefe von inneren Potentialschwellen durch die Anregung von Nichtgleichgewichtsträgern verstanden werden können. Bei der Analyse des Gleichgewichts in inhomogenen Systemen geht man zweckmäßig vom ortsunabhängigen Fermi-Niveau, das heißt dem elektrochemischen Potential, als Bezugsenergie aus. An jeder Dotierungsinhomogenität entsteht ein inneres elektrisches Feld, das den Diffusionsstrom der Träger in Richtung des negativen Konzentrationsgradienten durch einen gleich großen, entgegengesetzt gerichteten Leitungsstrom kompensiert. Das mit diesem Feld verknüpfte ortsabhängige elektrostatische Potential $\varphi(x) = -\int\limits_{x_0}^{x} F(x')\,dx'$ ergibt einen ortsabhängigen Beitrag zur Elektronenenergie $-e\varphi(x)$, der zu einem ortsabhängigen Verlauf der Energie-

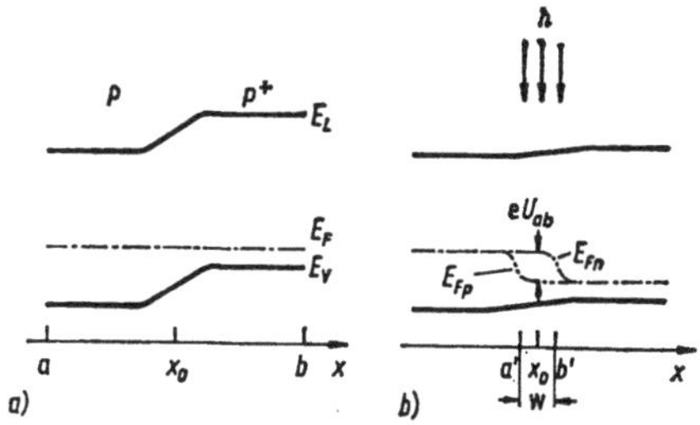

Abb. 4.1. Entstehung einer Photospannung an einer Dotierungsstufe in einem p-Halbleiter:
a) unbelichteter Zustand,
b) bei Lichteinstrahlung im Punkt x_0,
w — Breite des belichteten Gebiets

bänder $E_{L,V}(x)$ führt. Dieser Sachverhalt ist in Abbildung 4.1 für eine Dotierungsstufe in einem p-Halbleiter, einen sogenannten p^+p-Übergang dargestellt.

Das Nichtgleichgewicht charakterisieren wir wie bisher durch die Quasi-Fermi-Niveaus der Elektronen und Löcher E_{Fn} bzw. E_{Fp}. Im Gegensatz zu dem im Vorhergehenden behandelten Fall eines homogenen Halbleiters, bei dem E_{Fn} und E_{Fp} nur bei örtlich inhomogener Anregung ortsabhängig sind, werden im inhomogenen Halbleiter E_{Fn} und E_{Fp} auch bei homogener Anregung bereits vom Ort abhängig sein.

Bei zusätzlicher Anregung von Elektron–Loch-Paaren werden die Träger unterschiedlichen Vorzeichens in dem an der Dotierungsstufe bestehenden elektrischen Feld getrennt. Im Leerlauffall muß dieses elektrische Feld soweit verringert werden, daß die Summe von Diffusions- und Leitungsstrom wieder zu Null wird. Im

Kurzschlußfall bleibt das Feld im Innern im wesentlichen unverändert, es fließt aber im äußeren Kreis ein Photostrom.

Im folgenden werden nur nichtentartete Halbleiter betrachtet; die Rekombination sei linear, Hafteffekte werden vernachlässigt ($\delta n = \delta p$). Der Einfachheit halber werden nur Gradienten in einer räumlichen Richtung betrachtet (eindimensionales Modell).

4.1. *Photospannungen an Dotierungsinhomogenitäten*

Bei der Herstellung von Einkristallen werden Fremdatome ungleichmäßig in den Kristall eingebaut. Bei genügend tiefen Temperaturen (Störleitung) führen Gradienten in der Konzentration der elektrisch aktiven Störstellen zu Gradienten in der Ladungsträgerkonzentration. Im thermodynamischen Gleichgewicht, das heißt ohne Anregung von Nichtgleichgewichtsträgern, sind die Elektronen und Löcher in jedem Punkt des Kristalls im Gleichgewicht mit dem Gitter.

Da bei Belichtung der Kontakte an diesen unübersichtliche Potentialsprünge auftreten, setzen wir grundsätzlich voraus, daß die Kontakte nicht mit belichtet werden und daß keine Nichtgleichgewichtsträger die Kontakte erreichen. Der Abstand zwischen dem belichteten Gebiet und den Kontakten muß also groß gegen die Diffusionslänge sein. Eine Abschattung der Kontakte empfiehlt sich grundsätzlich bei Experimenten zur Photoleitfähigkeit (außer bei starker Anregung, siehe Abschnitt 7.). Im eindimensionalen Fall lautet die Stromdichtegleichung unter Berücksichtigung der EINSTEIN-Beziehung

$$j_x = e\,(n\mu_n + p\mu_p)\,F_x + kT\left(\mu_n \frac{\partial n}{\partial x} - \mu_p \frac{\partial p}{\partial x}\right). \quad (4.1)$$

Als allgemeinen Ausdruck für die im Leerlauf ($j = 0$) im Halbleiter auftretende Potentialdifferenz erhalten wir daraus

$$U = \frac{kT}{e} \int \frac{\frac{\partial p}{\partial x} - b \frac{\partial n}{\partial x}}{bn + p} \, dx \tag{4.2}$$

$(b = \mu_n/\mu_p)$. Für die folgende Diskussion ist es zweckmäßig, die Feldstärke F_x in einzelne Anteile aufzuspalten:

$$F_x = -\frac{kT}{e} \left(\frac{\mu_n \frac{\partial n}{\partial x} - \mu_p \frac{\partial p}{\partial x}}{n\mu_n + p\mu_p} \right)$$

$$= -\frac{kT}{e} \frac{(\mu_n - \mu_p)}{n\mu_n + p\mu_p} \frac{\partial \delta n}{\partial x} - \frac{kT}{e} \frac{\mu_n \frac{\partial n_0}{\partial x} - \mu_p \frac{\partial p_0}{\partial x}}{n\mu_n + p\mu_p}. \tag{4.3}$$

Der erste Term ist das im Abschnitt 3.3.2. besprochene DEMBER-Feld infolge von Gradienten der Nichtgleichgewichtsträgerkonzentration. Da grad δn in den Randpunkten des belichteten Gebietes a' und b' (Abb. 4.1) entgegengesetzt gerichtet ist, heben sich im homogenen Halbleiter die beiden am Rand des belichteten Gebietes entstehenden Anteile der Photospannung $U = \int_a^b F dx$ auf. Wenn wir zunächst Gradienten der Breite der verbotenen Zone ausschließen, läßt sich wegen

$$\frac{1}{n_0} \frac{\partial n_0}{\partial x} = -\frac{1}{p_0} \frac{\partial p_0}{\partial x} \tag{4.4}$$

der zweite Anteil umformen:

$$-\frac{kT}{e} \left(\frac{\mu_n \frac{\partial n_0}{\partial x} - \mu_p \frac{\partial p_0}{\partial x}}{n\mu_n + p\mu_p} \right)$$

$$= -\frac{kT}{e} \left(\frac{\mu_n + \mu_p}{n\mu_n + p\mu_p} \right) \frac{\delta n}{p_0} \frac{\partial p_0}{\partial x} + \frac{kT}{e} \frac{1}{p_0} \frac{\partial p_0}{\partial x}. \tag{4.5}$$

Der letzte Term ist bereits im unbelichteten Halbleiter vorhanden und wird bei der Messung von U_{ab} durch die

Differenz der Kontaktpotentiale des p- bzw. p^+-Gebiets mit dem Leitermaterial des äußeren Stromkreises kompensiert. Im Spezialfall eines p-Halbleiters bei schwacher Anregung, das heißt $\delta n \ll n_0 + p_0$, $n_0 \ll p_0$, ergibt sich somit für die Photospannung nach partieller Integration des DEMBER-Anteils

$$U_{ab} = -\frac{2kT}{e}\frac{\mu_n}{\mu_p}\int_a^b \frac{\delta n}{p_0^2}\frac{\partial p_0}{\partial x}\,\mathrm{d}x\,. \tag{4.6}$$

Wir betrachten zwei Grenzfälle:

(a) Ist die Lichtsonde genügend schmal (w) (wobei durch die Diffusionslänge der Nichtgleichgewichtsträger eine untere Grenze der Ortsauflösung gesetzt ist), gilt näherungsweise

$$U = -\frac{2kT}{e}\frac{\mu_n}{\mu_p}\frac{1}{p_0^2(x_0)}\left.\frac{\partial p_0}{\partial x}\right|_{x_0} \Delta n(x_0) \tag{4.7}$$

mit $\Delta n(x_0) = \int\limits_{-w/2}^{+w/2} \delta n(x)\,\mathrm{d}x$, das heißt, die Photospannung ist dem lokalen Dotierungsgradienten an der belichteten Stelle x_0 direkt proportional.[1] Bei der praktischen Ausmessung von Dotierungsgradienten wird unter gleichen Bedingungen auch die Spannung U_{PL} nach (3.29) gemessen. Ist j_x die Stromdichte im Kristall, gilt

$$\frac{U_{\mathrm{EMK}}}{U_{\mathrm{PL}}} = \frac{2kT}{j_x}\left(\frac{\mu_n\mu_p}{\mu_n+\mu_p}\right)\left|\left.\frac{\partial p_0}{\partial x}\right|_{x_0}\right|. \tag{4.8}$$

Die Messung von grad p_0 wird also möglich, ohne die Konzentration der Nichtgleichgewichtsträger, das heißt ihre Lebensdauer, die Generationsrate und die Oberflächeneigenschaften zu kennen. Es sei betont, daß der Probenquerschnitt, die Lebensdauer, die Oberflächen-

[1] Der lokale Dichtegradient ist nur dann gleich dem Dotierungsgradienten, wenn sich die Dotierung über Distanzen von der Größenordnung einer Diffusionslänge hinreichend wenig ändert.

rekombinationsgeschwindigkeit und die Beweglichkeiten ortsunabhängig sein müssen. Andernfalls treten zusätzliche Effekte auf. Besonders elegant wird das Verfahren, wenn die Photo-EMK durch die Photoleitungsspannung kompensiert wird [34]. Meßgröße ist dann der zur Kompensation notwendige Saugstrom $I = j_x A$ (A – Querschnitt der Probe), das Vorzeichen des Stroms gibt die Richtung des lokalen Konzentrationsgradienten an.

(b) Die gesamte Dotierungsstufe (p^+p) werde homogen beleuchtet. Wenn δn unabhängig von p_0 und damit von x ist, erhalten wir aus (4.6) bei $\sigma_0(b) \gg \sigma_0(a)$

$$U_{ab} = \frac{2kT}{e} \frac{e\mu_n \delta n}{\sigma_0}, \tag{4.9}$$

wobei σ_0 die Leitfähigkeit auf der schwächer dotierten Seite des p^+p-Übergangs ist. Diese Beziehung gilt nur für den Fall schwacher Anregung. Im Grenzfall starker Anregung $\delta n \gg n_0 + p_0$ kann die Photospannung höchstens gleich der Diffusionsspannung U_D, das heißt der Differenz des elektrostatischen Potentials zu beiden Seiten der Dotierungsstufe, werden. In diesem Extremfall verlaufen die Bandränder ortsunabhängig, die Quasi-FERMI-Niveaus unterscheiden sich an der belichteten Stelle gerade um U_{ab}. Für eine mittlere Belichtung sind die Verhältnisse in Abbildung 4.1b dargestellt. Die an Dotierungsinhomogenitäten entstehenden Photospannungen sind ein wesentlicher Störeffekt bei photoelektrischen Untersuchungen.

4.2. *pn-Photoeffekt*

(1) Die grundsätzlichen Aussagen über den Photoeffekt an Dotierungsgradienten sind auch auf *pn*-Übergänge anwendbar. Aber wir müssen die Behandlung hier vertiefen einerseits durch Behandlung inhomogener Anregung, andererseits durch Einbeziehung auch der longitudinalen Beleuchtung (Lichtausbreitung parallel

zum Gradienten, das heißt senkrecht zur Ebene des *pn*-Übergangs). Wir setzen wieder Störstellenerschöpfung voraus, dann sind die Majoritätsträgerkonzen-

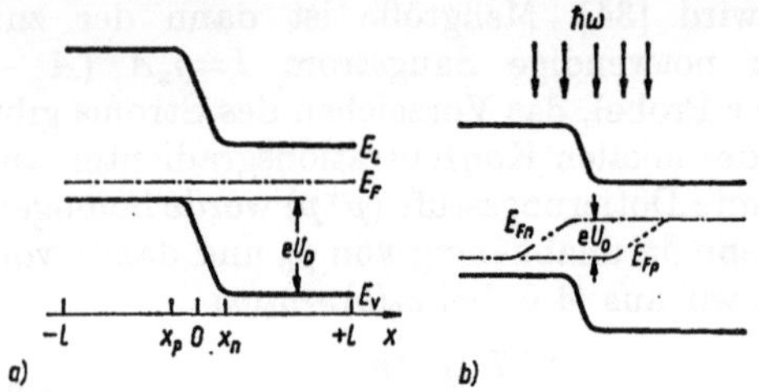

Abb. 4.2. Entstehung einer Photospannung an einem *pn*-Übergang a) unbelichteter Zustand, b) mit Lichteinstrahlung

trationen $n_n = N_D$ im *n*-Gebiet, $p_p = N_A$ im *p*-Gebiet. Die Diffusionsspannung des *pn*-Übergangs ist (Abb. 4.2)

$$U_D = \frac{1}{e}\,[E_g - (E_L - E_F)_n - (E_F - E_V)_p]\,. \qquad (4.10)$$

Unter Beachtung von (1.7) ergibt sich daraus der übliche Ausdruck

$$U_D = \frac{kT}{e} \ln \frac{n_n p_p}{n_i^2}\,. \qquad (4.11)$$

Die Weite der Raumladungszone $W_\varrho = W_{\varrho p} + W_{\varrho n} = x_p - x_n$ ist gegeben durch

$$W_\varrho = \sqrt{\frac{2\varepsilon_r\varepsilon_0}{e}\left(\frac{1}{N_D} + \frac{1}{N_A}\right) U_D}\,. \qquad (4.12)$$

Falls zusätzlich eine äußere Spannung U eingeprägt wird, ist U_D durch $U_D - U$ zu ersetzen (für Flußvorspannung ist $U > 0$, für Sperrvorspannung $U < 0$). Wir betrachten den Photoeffekt am *pn*-Übergang getrennt für transversale und longitudinale Lichteinstrahlung.

(2) Den Fall transversaler Lichteinstrahlung auf den *pn*-Übergang (Abb. 4.3) betrachten wir unter den vereinfachenden Annahmen $d \ll L$ (eindimensionales Modell) und $s=0$ (keine Oberflächenrekombination). Ferner

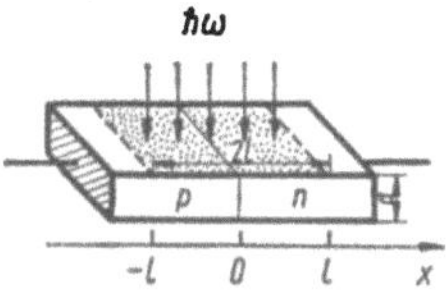

Abb. 4.3.
pn-Übergang mit Lichteinstrahlung senkrecht zum Dotierungsgradienten

wird in den Bahngebieten der Leitungsstrom gegenüber dem Diffusionsstrom vernachlässigt ($n_n \gg n_i$, $p_p \gg n_i$), an den Kontakten der Bahngebiete mit dem Leitermaterial des äußeren Stromkreises sollen keine Spannungsabfälle auftreten. Die Diode werde in einem Streifen der Ausdehnung $2\,l$ zu beiden Seiten des *pn*-Übergangs homogen beleuchtet (Generationsrate g). Die Bilanzgleichung für die Elektronen im *p*-Gebiet lautet im stationären Fall

$$0 = g + D_n \frac{\partial^2 \delta n}{\partial x^2} - \frac{\delta n}{\tau}, \tag{4.13}$$

eine entsprechende Gleichung gilt für die Löcher im *n*-Gebiet. Als Randbedingungen haben wir $n(-l) = n_p$, $p(+l) = p_n$. Wenn wir ferner annehmen, daß im Raumladungsgebiet der Feldstrom den Diffusionsstrom kompensiert, das heißt $|j_n| \ll |j_{n\,\mathrm{Diff}}| = |j_{n\,\mathrm{Feld}}|$, haben wir ein ortsunabhängiges FERMI-Niveau, und es gelten die Randbedingungen

$$n(x_p) = n_p \mathrm{e}^{\frac{eU}{kT}}, \quad p(x_n) = p_n \mathrm{e}^{\frac{eU}{kT}}. \tag{4.14a}$$

Mit der Annahme $W_\varrho \ll L_n$, L_p (keine Rekombination in der Raumladungszone, SHOCKLEYscher Sonderfall) können wir formal $x_n = x_p = 0$ setzen und gewinnen damit die vereinfachte Randbedingung

$$n(0) = n_p \exp\left(\frac{eU}{kT}\right), \quad p(0) = p_n \exp\left(\frac{eU}{kT}\right). \tag{4.14b}$$

Mit dieser Randbedingung hat die Lösung für die Elektronen im p-Gebiet die Form

$$\delta n(x) = \frac{n_p \left[\exp \frac{eU}{kT} - 1\right] \sinh \frac{x+l}{L_n} + g\tau \left(\sinh \frac{l}{L_n} + \sinh \frac{x}{L_n} - \sinh \frac{x+l}{L_n}\right)}{\sinh \frac{l}{L_n}} . \tag{4.15}$$

Eine ähnliche Gleichung erhält man für die Löcher im n-Gebiet. Wir berechnen die von den Elektronen getragene Stromdichte für den Fall $l/L_n \gg 1$

$$j_n = eD_n \left.\frac{\partial \delta n}{\partial x}\right|_{x=0} = \frac{eD_n n_p}{L_n}\left[\exp \frac{eU}{kT} - 1\right] - egL_n \tag{4.16a}$$

sowie den Löcheranteil

$$j_p = -eD_p \left.\frac{\partial \delta p}{\partial x}\right|_{x=0} = \frac{eD_p p_n}{L_p}\left[\exp\left(\frac{eU}{kT}\right) - 1\right] - egL_p . \tag{4.16b}$$

Die elektrische Stromdichte ist $\boldsymbol{j} = \boldsymbol{j}_n + \boldsymbol{j}_p$. In unserem Modell ist $j_n(x_p) \approx j_n(x_n)$ und $j_p(x_p) \approx j_p(x_n)$ und damit $j \approx j_n(0) + j_p(0)$. Für eine Photodiode mit dem Querschnitt A erhalten wir die Kennliniengleichung:

$$I = \left\{e\left(\frac{D_p p_n}{L_p} + \frac{D_n n_p}{L_n}\right)\left[\exp\left(\frac{eU}{kT}\right) - 1\right] - eg\,(L_n + L_p)\right\} A . \tag{4.17}$$

Der erste Summand ist der Dunkelstrom der Diode im SHOCKLEYschen Fall, der zweite beschreibt den Photostrom. Dieser ist von der Spannung U unabhängig und verschiebt die Kennlinie der Diode als Ganzes. Der Photostrom hängt linear von der Intensität ab.

Die Proportionalität zu $(L_n + L_p)$ bedeutet anschaulich, daß in dem vorausgesetzten Grenzfall $l \gg L_n, L_p$ nur diejenigen Träger im elektrischen Feld der Raumladungszone getrennt werden und damit zum Photostrom beitragen, die weniger als eine Diffusionslänge von der Sperrschicht entfernt erzeugt werden. Eine Photodiode mit transversaler Einstrahlung ist also nur in einem Streifen der Breite $(L_n + L_p)$ lichtempfindlich. Diesen Nachteil vermeidet die übliche Konstruktion der Photodiode mit Einstrahlung parallel zum Dotierungsgradienten (longitudinale Einstrahlung).

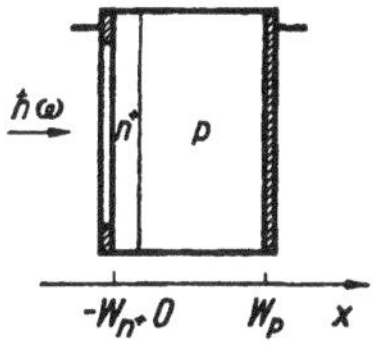

Abb. 4.4.
pn-Übergang mit Lichteinstrahlung in Richtung des Dotierungsgradienten

(3) Für den Fall der longitudinalen Einstrahlung (Abb. 4.4) machen wir folgende Annahmen:

- n^+p-Struktur, Einstrahlung von der n^+-Seite her,
- Weite der Raumladungszone klein gegenüber den Diffusionslängen und den Weiten der Bahngebiete,
- Feld in den Bahngebieten vernachlässigbar,
- $KW_{n+} \ll 1$ (vernachlässigbare Frontfensterverluste), $W_{n+} \ll L_p$
- Vernachlässigung der Oberflächenrekombination bzw. am Kontakt: $\left.\frac{\partial \delta n}{\partial x}\right|_{x=W_p} = 0.$

Die Generationsrate wird im Unterschied zu Punkt (2) ortsabhängig:

$$g(x) = \eta Q_0 (1 - R_\lambda) K \mathrm{e}^{-K(x+W_{n+})},$$
$$\approx \eta Q_0 (1 - R_\lambda) K \mathrm{e}^{-Kx}. \quad (4.18)$$

Die Lösung der Bilanzgleichung (4.13) mit dem Generationsterm (4.18) ergibt für die Elektronen im p-

Gebiet

$$\delta n(x) = \tau_n \left\{ \frac{n_p}{\tau_n} [e^{\frac{eU}{kT}} - 1] + \frac{g(0)}{K^2 L_n^2 - 1} \right\} \cosh \frac{W_p - x}{L_n} \operatorname{sech} \frac{W_p}{L_n}$$

$$- \frac{\tau_n g(0)}{K^2 L_n^2 - 1} \left[K L_n e^{-K W_p} \sinh \frac{x}{L_n} \operatorname{sech} \frac{W_p}{L_n} + e^{-Kx} \right]. \quad (4.19)$$

Unter den getroffenen Annahmen können wir den Löcheranteil sowohl des Dunkel- als auch des Photostroms vernachlässigen. Es ist dann

$$I = I_n(0) + I_p(0) \approx I_n(0)$$

$$= \left\{ \frac{e n_p L_n}{\tau_n} [e^{\frac{eU}{kT}} - 1] \tanh \frac{W_p}{L_n} - \frac{e g(0) L_n}{K^2 L_n^2 - 1} \right.$$

$$\left. \times \left[K L_n \left(1 - e^{-K W_p} \operatorname{sech} \frac{W_p}{L_n} \right) - \tanh \frac{W_p}{L_n} \right] \right\} A \,, \quad (4.20)$$

wobei A wieder die Fläche des pn-Übergangs ist. Der erste Term ist der Dunkelstrom, für $W_p \gg L_n$ entspricht dieser Ausdruck wieder dem SHOCKLEYschen Sonderfall für einen unsymmetrischen n^+p-Übergang. Der zweite Term ist der Photostrom, den wir für $W_p \gg L_n$ weiter vereinfachen können:

$$I_{\text{ph}} = e\eta \, (1 - R_\lambda) \, Q_0 \, \frac{K L_n}{1 + K L_n} A \,. \quad (4.21)$$

Unter der zusätzlichen Voraussetzung $K L_n \gg 1$ (das Licht wird im p-Gebiet innerhalb einer Diffusionslänge der Minoritätsträger vollständig absorbiert) gelangen alle im p-Gebiet erzeugten Elektron–Loch-Paare zur Raumladungszone und werden dort getrennt. Das Ergebnis (4.21) ist völlig unabhängig von der Weite des p-Gebietes wegen der Annahme $W_p \gg L_n$. Für die Konstruktion einer Photodiode ist dies allerdings eine unzulässige Vereinfachung, da W_p wegen des dann ebenfalls anwachsenden Reihenwiderstandes nicht beliebig groß gemacht werden kann.

(4) Bezüglich der Anwendungen interessiert ferner der Fall eines pn-Übergangs mit weiter Raumladungszone (pin-Struktur). Wir setzen die Dotierungsfolge n^+ip vor-

aus und vernachlässigen wieder den Beitrag der in der n^+-Schicht erzeugten Träger zum Photostrom ($KW_{n+} \ll 1$). Jetzt trifft die Strahlung nahezu ungeschwächt durch die n^+-Frontschicht auf die Raumladungszone (i-Gebiet). Die in der Raumladungszone erzeugten Elektron–Loch-Paare werden in dem dort bestehenden elektrischen Feld vollständig getrennt und transportieren je eine Elementarladung. Wenn wir die Weite der Raumladungszone wieder mit W_ϱ bezeichnen, ist der Strombeitrag dieser Ladungsträger

$$j_{\text{drift}} = -\int_0^{W_\varrho} g(x)\,\mathrm{d}x = e\eta Q_0\,(1 + R_\lambda)\,(1 - \mathrm{e}^{-KW_\varrho})\,. \quad (4.22)$$

Die nicht in der Raumladungszone absorbierten Quanten bewirken einen Beitrag zum Photostrom infolge Diffusion von Trägern, aus dem rückseitigen p-Gebiet, den wir mit (4.21) sofort hinschreiben können:

$$j_{\text{diff}} = e\eta Q_0\,(1 - R_\lambda)\,\mathrm{e}^{-KW_\varrho}\,\frac{KL_n}{1 + KL_n}\,. \quad (4.23)$$

Der Photostrom pro Flächeneinheit $j_{\text{ph}} = j_{\text{diff}} + j_{\text{drift}}$ der *pin*-Diode ist also

$$j_{\text{ph}} = e\eta Q_0\,(1 - R_\lambda)\left(1 - \frac{\mathrm{e}^{-KW_\varrho}}{1 + KL_n}\right). \quad (4.24)$$

(5) Die Kennliniengleichung für eine Photodiode hatten wir in der Form

$$j = j_s\left(\exp\frac{eU}{kT} - 1\right) - j_{\text{ph}} \quad (4.25)$$

aufgeschrieben. Im Leerlauf gibt die Diode die folgende Spannung ab:

$$U_0 = \frac{kT}{e}\ln\left(\frac{j_{\text{ph}}}{j_s} + 1\right). \quad (4.26)$$

Bei starker Belichtung $j_{\text{ph}} \gg j_s$ hängt die Leerlaufspannung also logarithmisch von der Intensität ab[1]; bei

[1] Die Leerlaufspannung kann aber maximal gleich der Diffusionsspannung werden.

schwacher Belichtung $j_{ph} \ll j_s$ wird die Kennlinie linear

$$U_0 = \frac{kT}{e} \frac{j_{ph}}{j_s}. \tag{4.27}$$

(6) Die Untersuchung des Einflusses einer optischen Generation auf die Kapazität von *pn*-Übergängen wird als Methode zur Untersuchung tiefer Störstellen angewendet (Photokapazitätsmethode, siehe z. B. [35]). Diese beruht darauf, daß durch Lichteinstrahlung Lokalzentren, die zur Raumladung beitragen, umgeladen werden können.

4.3. Photoeffekte in gradierten Halbleitern

Die Entwicklung von Mischkristallen wie $Ga_{1-x}Al_xAs$, $GaAs_{1-x}P_x$ oder $Pb_{1-x}Sn_xTe$, in denen sich die Bandlücke E_g monoton mit dem Mischungsverhältnis $(0 \leqq x \leqq 1)$ ändert, führte auf Untersuchungen von Photoeffekten in Halbleitern mit ortsveränderlicher Energielücke $E_g(z)$, den sogenannten gradierten Halbleitern.

(1) Wir setzen voraus, daß wir trotz ortsveränderlichem E_g die Dotierung homogen gestalten und eine ortsunabhängige Lebensdauer erreichen können. Ferner seien die effektiven Massen und damit die effektiven Zustandsdichten unabhängig von E_g. Dann gilt statt (4.4)

$$\frac{1}{n_0} \frac{dn_0}{dx} + \frac{1}{p_0} \frac{dp_0}{dx} = \frac{1}{n_i^2} \frac{dn_i^2}{dx} = -\frac{1}{kT} \frac{dE_g}{dx}. \tag{4.28}$$

Die Belichtung erfolge wieder senkrecht zum Gradienten. Bei homogener Ausleuchtung eines Gebiets, in dem sich E_g vom Wert $E_g(a)$ auf $E_g(b)$ ändert, erhalten wir aus (4.3) einen Ausdruck für die Photospannung, die zum Beispiel für einen *n*-Halbleiter die Form

$$U_{\delta E_g} = -\frac{1}{e} \frac{\delta\sigma}{\sigma_0} (E_g(a) - E_g(b)) \tag{4.29}$$

annimmt.

(2) Spezifische Effekte ergeben sich bei Einstrahlung in Richtung des Gradienten der Energielücke, wenn der Halbleiter von der Seite mit der größeren Energielücke E_{g_2} her bestrahlt wird. Während in einem homogenen Halbleiter die Generationsrate mit fortschreitender Tiefe wie $g = g(0)\,e^{-Kz}$, das heißt exponentiell, abnimmt, wobei die Eindringtiefe $1/K = 1/K(\lambda)$ noch von der Wellenlänge der Strahlung abhängt, hat in einem gradierten Halbleiter mit $E_{g_2} > E_g > E_{g_1}$ die Generationsrate für Strahlung mit $E_{g_2} > \hbar\omega > E_{g_1}$ die Form einer Glockenkurve, wobei jetzt aber der Ort z_0 maximaler Generation von der Wellenlänge der Strahlung λ abhängt [36]. Legt man an die Stelle z_0 einen *pn*-Übergang, so erhält man ein selektives Photoelement für die Wellenlänge λ. Carenkov und Mitarbeiter [37] haben gezeigt, daß die minimale Halbwertsbreite der Spektralkennlinie unter der Bedingung

$$\frac{\mathrm{d}E_g}{\mathrm{d}z}(L_n + L_p)\frac{\mathrm{d}\ln K}{\mathrm{d}\hbar\omega} \approx 1 \qquad (4.30)$$

erreicht wird.

(3) Wenn der *pn*-Übergang wie vordem parallel zur Oberfläche in einer Tiefe $z = z_0$ liegt, jedoch die Ebenen $E_g = \mathrm{const}$ in der *yz*-Ebene gegenüber der Oberfläche geneigt sind, hängt die Wellenlänge maximaler Generation an der Sperrschicht vom Ort der Belichtung y ab. Man erhält damit ein Photoelement, dessen Photostrom ein in *y*-Richtung veränderliches spektrales Maximum hat [38]. Eine Anwendung als photoelektrisches Spektrometer erscheint möglich.

(4) *pn*-Heteroübergänge (z. B. *n*-GaP-*p*-Si) stellen insofern einen Spezialfall der bisher behandelten Inhomogenitäten dar, als sich hierbei am *pn*-Übergang gleichzeitig der Ladungsträgertyp und die Breite der verbotenen Zone ändern. Die wesentliche elektrische Besonderheit eines *pn*-Heteroübergangs besteht in der effektiveren Elektroneninjektion aus dem Halbleiter mit der größeren Energielücke in den Halbleiter mit

der geringeren Energielücke (siehe z. B. [39]). Die optischen und photoelektrischen Eigenschaften von *pn*-Heteroübergängen werden im Zusammenhang mit den Anwendungen in Abschnitt 9.3.5. diskutiert.

4.4. Oberflächenphotoeffekt

Die Existenz von Oberflächenzuständen bewirkt eine Raumladung und damit eine Bandverbiegung innerhalb einer Oberflächenschicht von der Tiefe der DEBYE-Länge L_M. Diese Oberflächenschicht kann durch optische Generation von Nichtgleichgewichtsträgern beeinflußt werden. Wir beschreiben die Bandverbiegung durch die Differenz zwischen den Potentialwerten an der Oberfläche ψ_s und im Volumen ψ_0. Zweckmäßig betrachtet man das dimensionslose Oberflächenpotential

$$Y_s = -\frac{e}{kT}(\psi_s - \psi_0)\,. \tag{4.31}$$

Das Oberflächenpotential Y_s ist negativ, wenn die Bänder an der Oberfläche aufwärts gekrümmt sind, zum Beispiel bei einer Verarmungs- oder Inversionsschicht auf einem *n*-Halbleiter. Die optische Anregung werde durch die Überschußkonzentration $\delta n = \delta p$ im Halbleiter außerhalb der Raumladungszone charakterisiert. δn kann mit den in Abschnitt 3. dargelegten Methoden berechnet oder experimentell aus der Photoleitfähigkeit bestimmt werden. Für $L_M \ll d \ll L$ ist δn näherungsweise als ortsunabhängig zu betrachten. Unter der Annahme, daß sich die Oberflächenladung bei Belichtung nicht ändert, erhält man aus der POISSON-Gleichung in linearer Näherung ($Y_s \ll 1$) die Änderung des Oberflächenpotentials bei Belichtung [40]

$$\Delta Y_s = Y_s - Y_{s0}$$

$$= \delta n \frac{e^{Y_{s0}} + e^{-Y_{s0}} - 2}{(n_0 + \delta n)\, e^{Y_{s0}} - (p_0 + \delta n)\, e^{-Y_{s0}} + (p_0 - n_0)}\,. \tag{4.32}$$

Die Größe $\frac{kT}{e} \Delta Y_s$ heißt Oberflächenphotospannung. Das Vorzeichen von ΔY_s stimmt nach (4.32) immer mit dem Vorzeichen von Y_{s0} überein. Das ist plausibel, wenn man die Entstehung von Y_s im Zusammenhang mit der Abschirmung des Halbleitervolumens gegen das mit der Oberflächenladung verknüpfte Feld beachtet. Diese Abschirmung erfolgt so, daß bewegliche Ladungsträger in der oberflächennahen Schicht umverteilt werden. Wird nun die Konzentration der Ladungsträger im Volumen erhöht, genügt zur Abschirmung bereits ein geringerer Absolutwert von Y_s. Gleichung (4.32) zeigt weiter, daß die Oberflächenphotospannung eine eindeutige Funktion des Oberflächenpotentials im Gleichgewicht Y_{s0} und der Volumenüberschußkonzentration ist. Die Oberflächenphotospannung wird bei Anregung mit Wechsellicht zwischen dem Halbleiter und einer isoliert vor der Oberfläche angebrachten lichtdurchlässigen Elektrode, zum Beispiel einem Drahtnetz, hochohmig gemessen. Das Signal hängt nur bei schwacher Anregung linear von der Lichtintensität ab. Der Kleinsignalfall liegt vor, wenn bei einer Anreicherungsschicht δn klein gegenüber der Majoritätsträgerkonzentration ist, bei einer Verarmungsrandschicht, wenn δn klein gegenüber der Minoritätsträgerkonzentration ist. Bei starker optischer Anregung stellt sich der Flachbandfall ein (alle Bänder verlaufen horizontal), die Oberflächenphotospannung ist dann ebenfalls ein Maß für das Oberflächenpotential.

Für die Zusammenhänge zwischen der Lichtmodulation und elektrisch induzierten Umladungsströmen, etwa bei der KELVINschen Kondensatormethode, siehe zum Beispiel [41, 42].

4.5. *Weitere Photoeffekte*

An einem Metall–Halbleiter-Kontakt (SCHOTTKY-Barriere) entsteht bei Belichtung eine Photospannung, die im Prinzip auf dem gleichen Mechanismus beruht wie der *pn*-Photoeffekt. Diese soll deshalb hier nicht gesondert behandelt werden.

Als lateraler *pn*-Photoeffekt [Z 19] wird die Erscheinung bezeichnet, daß in einer Struktur mit parallel zur belichteten Oberfläche liegendem *pn*-Übergang, in der jedoch nur die beleuchtete Schicht (z. B. die *n*-Schicht) seitlich kontaktiert ist, eine Photospannung auftritt, die vom Ort der Beleuchtung abhängt (Abb. 4.5). Beim

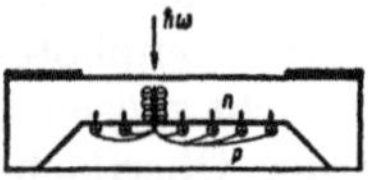

Abb. 4.5.
Signalentstehung beim lateralen *pn*-Photoeffekt

Überstreichen der Symmetrielinie ändert die Spannung ihr Vorzeichen. An der beleuchteten Stelle entsteht zunächst ein Löcherstrom in das *p*-Gebiet und lädt dieses positiv auf, was im stationären Zustand einen gleichgroßen, aber räumlich verteilten Löcherstrom zurück in das *n*-Gebiet zur Folge hat. Die dadurch entstehende Asymmetrie erklärt den Effekt. Ein solches Element ist interessant zur Justierung optischer Strahlengänge, als Galvanometerverstärker etc., wird jedoch durch Quadrantdioden und andere Multielementanordnungen verdrängt.

Ein gewisses Interesse beansprucht der Hochspannungsphotoeffekt, der zum Beispiel an GaAs-Aufdampfschichten Feldstärken bis zu 400 V/cm liefert [42]. Die übliche Deutung geht davon aus, daß durch Schrägaufdampfen hintereinandergeschaltete *pn*- oder *pnp*-Strukturen entstehen, deren Photospannungen sich addieren. Eine neuere Theorie erklärt die anomal hohen Photospannungen, das heißt Photospannungen, die größer als $\frac{E_g}{e}$ sind, als Photoeffekt in anisotropen Relaxations-Halbleitern, das heißt Halbleitern, in denen die Trägerlebensdauer τ kleiner als die MAXWELLsche Relaxationszeit τ_M ist [77].

5. Elementarprozesse der Rekombination

Die wesentliche Frage bei der Rekombination von Nichtgleichgewichtsträgern in Photoleitern besteht darin, auf welche Weise die freiwerdende Energie abgegeben wird. Je nachdem, ob diese Energie zumindest teilweise in Form von elektromagnetischer Strahlung frei wird oder nicht, sprechen wir von strahlender bzw. strahlungsloser Rekombination. Diese Unterscheidung ist vorzugsweise vom Standpunkt der Anwendung der Photoleiter als Luminophore oder auch in Lumineszenz- und Laserdioden wichtig, sie ist aber auch physikalisch von grundsätzlicher Art. Geht es doch hier letzten Endes um die Wechselwirkung mit zwei unterschiedlichen Feldern, nämlich einmal mit dem MAXWELLschen Feld elektromagnetischer Schwingungen und zum anderen mit einem Feld, das die Gitterschwingungen beschreibt. Die Elementaranregungen beider Felder (Photonen bzw. Phononen) gehorchen der BOSE-EINSTEIN-Statistik, und wir kennen in beiden Fällen eine erzwungene und eine spontane Emission. Ein charakteristischer Unterschied besteht jedoch in den Dispersionsgesetzen dieser beiden Arten von Elementaranregungen, insbesondere bezüglich der Energie E, die ein Quant des betreffenden Feldes besitzen kann. Bei elektromagnetischer Strahlung gilt bekanntlich

$$E(\boldsymbol{\varkappa}) = \hbar\omega = \hbar c\,|\boldsymbol{\varkappa}|\,, \tag{5.1}$$

$\boldsymbol{\varkappa}$ ist der Ausbreitungsvektor der Lichtwelle mit $|\boldsymbol{\varkappa}| = \frac{2\pi}{\lambda}$, c die Lichtgeschwindigkeit, und es gibt *keine* obere

Grenze für E oder $|\varkappa|$. Für die Gitterschwingungen ist dagegen ein Dispersionsgesetz allgemein nicht angebbar, in vielen Fällen wird jedoch eine Beschreibung

$$E_{si}(\boldsymbol{q}) = \hbar c_{si} |\boldsymbol{q}| \tag{5.2a}$$

bzw.

$$E_{0i}(\boldsymbol{q}) \approx c_i \tag{5.2b}$$

zutreffend sein. $\boldsymbol{q}$ ist der Ausbreitungsvektor der betreffenden Gitterschwingung. (5.2a) bezieht sich auf den akustischen Zweig (Schallquanten), (5.2b) auf den optischen. Der Index i kennzeichnet die longitudinalen bzw. transversalen Schwingungen. Hier gibt es eine obere Grenze sowohl für $\boldsymbol{q}$ ($|\boldsymbol{q}| \leqq \frac{\pi}{a}$ für kubische Gitter mit der Gitterkonstante a) als auch für E. Letztere, $E_{\max}$, hat die Größenordnung von einigen Hundertstel bis zu einem Zehntel eV. Sie hängt mit der DEBYE-Temperatur Θ_D des betreffenden Kristalls $E_{\max} \approx k\Theta_D$ zusammen. Das bedeutet, daß bei strahlender Rekombination auch in üblichen Photoleitern mit E_g von der Größenordnung 1 eV die gesamte Energie in Form *eines* Photons der Energie $\hbar\omega = E_g$ abgegeben werden kann, während bei strahlungsloser Rekombination im Endeffekt stets eine Vielzahl von Phononen, mindestens $E_g/E_{\max} = 10 \ldots 100$, entstehen muß. Das bedeutet, daß die theoretische Behandlung, ja sogar bereits das prinzipielle Verständnis, bei strahlungslosen Rekombinationsprozessen wesentlich schwieriger ist als bei der strahlenden Rekombination. Andererseits ist aber die strahlungslose Rekombination sehr wichtig, bestimmt sie doch in sehr vielen Fällen die Lebensdauer der Nichtgleichgewichtsträger und in Konkurrenz mit den strahlenden Prozessen die Quantenausbeute von Luminophoren und Lumineszenzdioden.

In Kapitel 3. lernten wir neben der strahlenden Rekombination bereits einen strahlungslosen Prozeß, der theoretisch relativ leichter zugänglich ist, kennen – die AUGER-Rekombination. Hier entsteht die Vielzahl der Phononen erst in einem sekundären Prozeß dadurch, daß der im Band hochangeregte Träger sukzessive in aufeinanderfolgenden Einphononenprozessen seine Energie verliert. Das ist möglich, weil im Band erlaubte Terme in dichter Folge vorhanden sind. Die Rekombination über Zentren, die in Kapitel 2. behandelt worden ist, kann strahlend oder auch strahlungslos sein. Ist letzteres der Fall, so besteht hier ebenfalls die oben genannte Schwierigkeit. Wir wollen im folgenden diese Rekombinationsprozesse etwas näher betrachten; dabei werden wir allerdings keine auch nur annähernd in sich geschlossene Darstellung geben können; Wir wollen lediglich versuchen, einige wenige physikalisch wesentliche Gesichtspunkte herauszuarbeiten.

5.1. Strahlende Rekombination

5.1.1. Direkte Übergänge

Um die Wahrscheinlichkeit strahlender Rekombinationsprozesse zu berechnen, müssen wir eine DIRACsche Störungsrechnung für die Wechselwirkung zwischen Kristallelektronen und elektromagnetischer Strahlung ausführen. Derartige Rechnungen finden sich in allgemeiner Form in vielen Lehrbüchern der Quantentheorie (siehe z. B. [3], § 78). In unserem Fall geht es darum, die Wahrscheinlichkeit dafür zu finden, daß ein Elektron aus dem Leitfähigkeitsband unter Emission eines Lichtquants in das Valenzband übergeht. Hierin liegt der Zugang zur Berechnung der Größe B in (2.13). Die Wahrscheinlichkeit dafür, daß ein Elektron im Zustand n in den mit Sicherheit unbesetzten Zustand m unter spontaner Emission eines Lichtquants mit der Kreisfrequenz $\omega_{nm} = (E_n - E_m)/\hbar$ übergeht, ist in Dipolnäherung bekanntlich

$$P_{nm} = \frac{4}{3} \frac{e^2}{4\pi\varepsilon_0 \hbar c} \cdot \omega_{nm} \cdot \frac{|p_{nm}|^2}{(mc)^2}. \tag{5.3}$$

Hier sind E_n, E_m die Energieeigenwerte des Elektrons, p_{nm} ist das Impulsmatrixelement $\langle n\,|p|\,m\rangle$ zwischen den Eigenfunktionen ψ_n und ψ_m. Im Falle von Kristallelektronen tritt an die Stelle von n und m je ein Indexpaar $\boldsymbol{k}\nu$ bzw. $\boldsymbol{k}'\nu'$, und die ψ sind BLOCHsche Wellen der Form

$$\psi_{\boldsymbol{k}\nu} = \frac{1}{\sqrt{\Omega}}\,\mathrm{e}^{i\boldsymbol{k}\boldsymbol{r}} u_{\boldsymbol{k}\nu}(\boldsymbol{r}) \,, \tag{5.4}$$

siehe hierzu zum Beispiel [2].

Berechnen wir damit p_{nm}, so finden wir als erstes einen Erhaltungssatz für den Ausbreitungsvektor $\boldsymbol{k}$, denn wegen der Gitterperiodizität von $u_{\boldsymbol{k}\nu}(\boldsymbol{r})$ ist

$$p_{nm} \equiv \langle \boldsymbol{k}\nu\,|\boldsymbol{p}|\,\boldsymbol{k}'\nu'\rangle$$
$$= \frac{1}{\Omega}\sum_{\boldsymbol{R}_i} \mathrm{e}^{i(\boldsymbol{k}'-\boldsymbol{k})\boldsymbol{R}_i} \int\limits_{\Omega_0} \mathrm{e}^{-i\boldsymbol{k}\boldsymbol{r}} u^*_{\boldsymbol{k}\nu}(\boldsymbol{r})\,\boldsymbol{p}\,\mathrm{e}^{i\boldsymbol{k}'\boldsymbol{r}} u_{\boldsymbol{k}'\nu'}(\boldsymbol{r})\,\mathrm{d}^3\boldsymbol{r} \,. \tag{5.5}$$

Hier ist Ω_0 die Elementarzelle, Ω das Periodizitätsvolumen, in dem auch normiert wird, $\boldsymbol{R}_i$ sind die Gittervektoren. Bekanntlich gilt dann aber

$$\sum_{\boldsymbol{R}_i} \mathrm{e}^{i(\boldsymbol{k}'-\boldsymbol{k})\boldsymbol{R}_i} = \frac{\Omega}{\Omega_0}\,\delta_{\boldsymbol{k}'\boldsymbol{k}} \,, \tag{5.6}$$

und wir erhalten

$$\langle \boldsymbol{k}\nu\,|\boldsymbol{p}|\,\boldsymbol{k}'\nu'\rangle = \delta_{\boldsymbol{k}\boldsymbol{k}'}\langle \boldsymbol{k}\nu\,|\boldsymbol{p}|\,\boldsymbol{k}'\nu'\rangle \,. \tag{5.7}$$

Ein Elektron im Leitfähigkeitsband kann hier also nur mit einem Loch genau gleichen[1] Quasiimpulses $\hbar\boldsymbol{k}$ unter Emission eines Lichtquants rekombinieren. Es ist jedoch nicht sicher, daß ein solches Loch vorhanden ist. Die Wahrscheinlichkeit, daß der Zustand $\boldsymbol{k}$ im Valenzband frei ist, ist vielmehr $[1 - f(E_{\mathrm{V}}(\boldsymbol{k}))]$. Mit dieser Größe wäre also P_{nm} noch zu multiplizieren, wenn wir nach der Wahrscheinlichkeit für eine strahlende Re-

[1] „Genau gleich“ ist eine Folge der Dipolnäherung. In Wirklichkeit ist der Impuls des Lichtquants $\hbar\boldsymbol{\varkappa}$ auch zu berücksichtigen, und es gilt $\boldsymbol{k} = \boldsymbol{k}' + \boldsymbol{\varkappa}$ als Erhaltungssatz. Jedoch ist $|\boldsymbol{\varkappa}| \ll |\boldsymbol{k}|$.

kombination W_r des Elektrons mit dem Ausbreitungsvektor $\boldsymbol{k}$ im Leitfähigkeitsband mit einem Loch im Valenzband fragen:

$$W_r(\boldsymbol{k}) = \frac{4}{3} \frac{e^2}{4\pi\varepsilon_0 \hbar c} \omega \frac{|\langle \boldsymbol{k}\mathrm{L} | \boldsymbol{p} | \boldsymbol{k}\mathrm{V} \rangle|^2}{(mc)^2} [1 - f(E_\mathrm{V}(\boldsymbol{k}))] . \quad (5.8)$$

Wir erkennen sofort, wo die praktischen Probleme für eine Berechnung des Emissionsspektrums und von $W_r(\boldsymbol{k})$ liegen. Hierzu müßten $\langle \boldsymbol{k}\mathrm{L} | \boldsymbol{p} | \boldsymbol{k}\mathrm{V} \rangle$ und $E_{\mathrm{V,L}}(\boldsymbol{k})$ genau bekannt sein. Das ist jedoch, zumindest beim Matrixelement, im allgemeinen nicht der Fall. Dennoch können wir aus (5.8) einige Schlußfolgerungen ziehen und $W_r(\boldsymbol{k})$ und damit B aus (2.13) grob abschätzen. Zunächst können wir schließen, daß $[1 - f(E_\mathrm{V}(\boldsymbol{k}))]$ nur dann für die interessierenden, das heißt im Leitfähigkeitsband besetzten, $\boldsymbol{k}$-Werte hinreichend groß sein wird, wenn $E_\mathrm{V}(\boldsymbol{k})$ für diese Werte dicht am oberen Rand des Valenzbandes liegt, das heißt, wenn das Minimum von $E_\mathrm{L}(\boldsymbol{k})$ und das Maximum von $E_\mathrm{V}(\boldsymbol{k})$ an der gleichen Stelle im $\boldsymbol{k}$-Raum liegen, oder anders ausgedrückt, wenn wir es mit einem „direkten" Halbleiter zu tun haben (Abb. 5.1a)[1]. In diesem Fall ist folgende

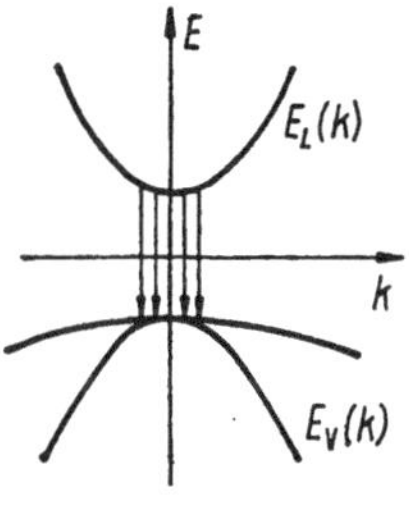

Abb. 5.1. a) „direkter" Halbleiter
Hier sind direkte Übergänge, das heißt Übergänge unter Erhaltung des Quasiimpulses $\hbar\boldsymbol{k}$ ohne Beteiligung anderer Elementaranregungen als Lichtquanten, möglich

[1] Aus diesen Überlegungen folgt auch, daß in indirekten Halbleitern bei Entartung der Dotierungskonzentration oder bei einer Aufheizung der Träger die strahlende Rekombination zunehmen wird.

Abschätzung möglich

$$\overline{1-f(E_V(\boldsymbol{k}))} \approx \frac{p}{N_V},$$

wobei p wie üblich die Konzentration der Löcher und N_V die effektive Zustandsdichte im Valenzband ist (siehe Abschnitt 1.2. (5)). Der Querstrich bedeute jeweils eine Mittelung über die tatsächlich *im* Band besetzten $\boldsymbol{k}$-Werte. Da $W_r(\boldsymbol{k}) = Bp$ ist, können wir nun B angeben

$$B \doteq \frac{4}{3} \frac{e^2}{4\pi\varepsilon_0\hbar c} \omega \frac{\overline{|\langle \boldsymbol{k}\mathrm{L}\,|p|\,\boldsymbol{k}\mathrm{V}\rangle|^2}}{(mc)^2} \cdot \frac{1}{N_V}. \tag{5.9}$$

Nehmen wir als ganz grobe Orientierung an, daß das Impulsmatrixelement von der Größenordnung mv ist, so erhalten wir für $T = 300$ K mit typischen Werten von $v = 10^7$ cm/s, $N_V = 10^{19}$ cm^{-3} und $\omega = 2 \cdot 10^{15}$ s^{-1} ($\triangleq E_g \approx 1$ eV) für die Kristallelektronen eines Halbleiters $B \approx 2 \cdot 10^{-13}$ cm^{3}s^{-1}. Bei üblichen Dotierungen von 10^{15} cm^{-3} würde man für die Minoritätsträger also bei ausschließlich strahlender Rekombination Lebensdauern von 5 ms, bei starker, Entartung erreichender Dotierung von 0,5 µs erwarten können. Dies ist natürlich nur ein ganz grober Hinweis auf die Größenordnung von B. Eine etwas bessere Abschätzung können wir erhalten, wenn wir mit Hilfe des f-Summensatzes (siehe z. B. [2] S. 186) die Summe der Matrixelemente für die Übergänge zwischen Leitfähigkeitsband und den Valenzbändern unter Vernachlässigung aller weiteren Übergänge für $\boldsymbol{k}$-Werte in der Nähe des minimalen Bandabstandes näherungsweise berechnen

$$\sum_V |\langle \boldsymbol{k}\mathrm{L}\,|\boldsymbol{p}^i|\,\boldsymbol{k}\mathrm{V}\rangle|^2 = \frac{mE_g}{2} \left(\frac{m}{\hbar^2} \Delta_{k_i} E_{\mathrm{L}\boldsymbol{k}} - 1\right). \tag{5.10}$$

Die Summe ist über die miteinander entarteten Valenzbänder zu verstehen. Mit (5.10) und unter Beachtung, daß $\omega \sim E_g$ in (5.9), finden wir für die Rekombination mit spontaner Strahlungsemission $B \approx E_g^2$. Weiter wäre die Mittelung über die $\boldsymbol{k}$-Werte exakter auszuführen, hierdurch kommen dann die Termdichten beider Bänder als kombinierte Zustandsdichte ins Spiel, wie das weiter unten in (5.17) sichtbar ist.

Liegen das Minimum E_L von $E_L(\boldsymbol{k})$ an der Stelle $\boldsymbol{k}_L$ und das Maximum E_V von $E_V(\boldsymbol{k})$ an der Stelle $\boldsymbol{k}_V$ im $\boldsymbol{k}$-Raum, so sind bei $\boldsymbol{k}_L \neq \boldsymbol{k}_V$ („indirekter" Halbleiter, siehe Abb. 5.1 b) direkte Übergänge zwischen den Ex-

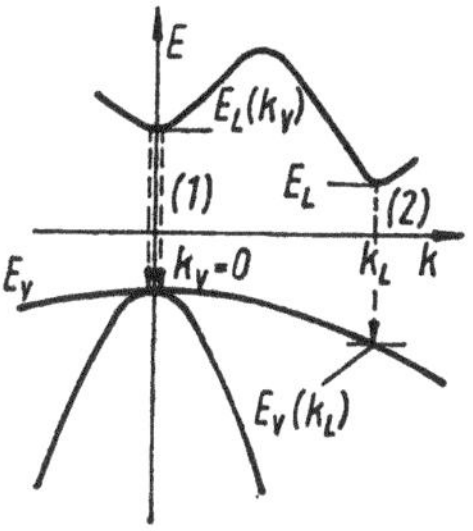

Abb. 5.1. b) „indirekter" Halbleiter
Hier sind Übergänge zwischen dem Minimum von $E_L(\boldsymbol{k})$ und E_V, dem Maximum von $E_V(\boldsymbol{k})$, nicht möglich wegen $\boldsymbol{k}_L \neq \boldsymbol{k}_V$. Die Prozesse (1) und (2) sind extrem unwahrscheinlich wegen der geringen Besetzung von $E_L(\boldsymbol{k}_V)$ mit Elektronen bzw. von $E_V(\boldsymbol{k}_L)$ mit Löchern

trema nicht mehr möglich. Die Übergangswahrscheinlichkeit für direkte Übergänge verringert sich dann gegenüber (5.10) um den Faktor

$$\exp\left(-\frac{E_V - E_V(\boldsymbol{k}_L)}{kT}\right) \qquad (5.11)$$

für den Prozeß (2) in Abbildung 5.1 b beziehungsweise bei umgekehrter, von den Löchern ausgehender Betrachtung um einen entsprechenden Faktor, der durch $E_L(\boldsymbol{k}_V) - E_L$ bestimmt wird (Prozeß (1) in Abb. 5.1 b). Diese Faktoren ergeben jedoch bereits bei Zimmertemperatur so erhebliche Reduzierungen von W_r, daß die Prozesse (1) und (2) nicht mehr die physikalisch wesentlichen sein können. Bereits für $E_V - E_V(\boldsymbol{k}_L) = 0{,}5\,\text{eV}$ wäre W_r bei 300 K um den Faktor $e^{-20} = 2 \cdot 10^{-9}$ reduziert. Ob diese Prozesse eine Rolle spielen, erkennt man auch daran, ob wesentliche Anteile von Rekombinationsstrahlung mit $\hbar\omega > E_g = E_L - E_V$ beobachtet werden. Dies ist unter normalen Bedingungen nicht der

Fall, man könnte es nur bei Entartung der Dotierungskonzentration oder bei starker Aufheizung der Träger erwarten.

5.1.2. *Indirekte phononenassistierte Übergänge*

Wenn die bisher behandelte 1. Näherung der direkten Wechselwirkung Elektron — Strahlung keinen wesentlichen Beitrag ergibt, so müssen wir beachten, daß auch noch andere Wechselwirkungen möglich sind, nämlich mit den Gitterschwingungen. Daß hier die 1. Näherung der Störungsrechnung ebenfalls keine Beiträge bringt, ergibt sich bereits aus der oben angestellten Energiebetrachtung. Wohl aber wären in 2. Näherung auftretende Rekombinationsprozesse möglich, bei denen gleichzeitig ein Photon emittiert und ein Phonon emittiert oder absorbiert wird. Natürlich verringert sich hierbei durch den Übergang zur 2. Näherung W_r auch, aber nicht in so katastrophaler Weise wie durch den Faktor (5.11). Das Matrixelement für einen Übergang vom Zustand a in den Zustand e läßt sich für eine Störung W in 2. Näherung folgendermaßen schreiben ([3] § 85):

$$M_{e\leftarrow a} = \langle e\,|W|\,a\rangle + \sum_{n \neq a} \frac{\langle e\,|W|\,n\rangle \langle n\,|W|\,a\rangle}{E_a - E_n}\,, \tag{5.12}$$

wobei die Zustände $|e\rangle$ und $|a\rangle$ die gleiche Energie haben müssen, wenn wir die Energie des Phononen- und des Photonen-Systems mit einrechnen (Energiesatz). Die Zustände $|n\rangle$, $|e\rangle$, $|a\rangle$ beziehen sich dabei auf das Gesamtsystem, bestehend aus Elektronen, Photonen und Phononen. Ist W die Summe von zwei Einteilchenoperatoren $W_{\varkappa}^{(1)} + W_{q}^{(2)}$, die jeweils die Wechselwirkung mit dem Strahlungsfeld beziehungsweise dem Feld der Gitterschwingungen beschreiben, so ist $\langle m\,|W|\,n\rangle$ nur ungleich Null, wenn sich die Zustände $|m\rangle$ und $|n\rangle$ entweder um ein Phonon oder um ein Photon, jedoch nicht um beides unterscheiden. Dabei muß dann für

Elektron und Photon oder Elektron und Phonon der Quasiimpuls

$$\hbar \boldsymbol{k} = \hbar \boldsymbol{k}' + \hbar \boldsymbol{\varkappa} \tag{5.13}$$

oder

$$\hbar \boldsymbol{k} = \hbar \boldsymbol{k}' \pm \hbar \boldsymbol{q} \tag{5.14}$$

erhalten bleiben.

Ein strahlender Übergang kann in einem indirekten Halbleiter ($\boldsymbol{k}_{\mathrm{L}} \neq \boldsymbol{k}_{\mathrm{V}}$) dann durch die gleichzeitige Emission eines Phonons zustande kommen. Hierbei geht ein Elektron zunächst unter Emission oder Absorption eines Phonons $\hbar\omega_{\boldsymbol{q}}$ ($\boldsymbol{q} = \boldsymbol{k}_{\mathrm{V}} - \boldsymbol{k}_{\mathrm{L}}$) virtuell in den Zustand mit dem für die strahlende Rekombination erforderlichen $\boldsymbol{k}$-Wert über und emittiert anschließend das Photon mit einer Energie $\hbar\omega = E_{\mathrm{g}} \pm \hbar\omega_{\boldsymbol{q}}$. Abbildung 5.2

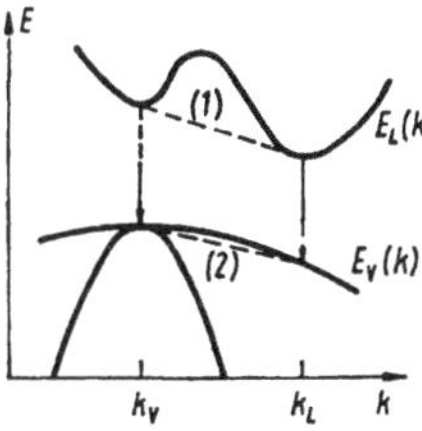

Abb. 5.2.
Phononenassistierte strahlende Übergänge in einem indirekten Halbleiter. Die virtuellen Übergänge sind durch unterbrochene Linien gekennzeichnet

erläutert die beiden möglichen Wege hierzu. Wir sehen, daß wegen des Nenners in (5.12) die Übergangswahrscheinlichkeit um so kleiner sein wird, je größer $|E_{\mathrm{L}}(\boldsymbol{k}_{\mathrm{V}}) - E_{\mathrm{L}}(\boldsymbol{k}_{\mathrm{L}})|$ beziehungsweise $|E_{\mathrm{V}}(\boldsymbol{k}_{\mathrm{V}}) - E_{\mathrm{V}}(\boldsymbol{k}_{\mathrm{L}})|$ ist. Wegen der $|q|$-Abhängigkeit des Matrixelements

$$\langle \boldsymbol{k}_{\mathrm{V}} \mathrm{L} \,|\, W_{\boldsymbol{q}}^{(2)} \,|\, (\boldsymbol{k}_{\mathrm{L}} + \boldsymbol{q})\, \mathrm{L} \rangle$$

beziehungsweise des analogen Matrixelements im Valenzband, wird je nach wirksamem Streuprozeß auch eine entsprechende Abhängigkeit der Übergangswahrscheinlichkeit von der Wirksamkeit dieses Streuprozesses und vom Abstand der Extrema im $\boldsymbol{k}$-Raum bestehen. Da bei den Streuprozessen auch die erzwungene Emission und die Absorption von Phononen zu beachten beziehungsweise ausschlaggebend sind, ergibt sich hierdurch auch eine wesentliche Temperaturabhängigkeit. Eine Abschätzung oder gar eine Berechnung der phononen-assistierten strahlenden Rekombination wird damit noch schwieriger als die der direkten Übergänge.

5.1.3. Berechnung der strahlenden Rekombination aus den optischen Konstanten eines Halbleiters

Wegen der Schwierigkeiten der direkten Berechnung der strahlenden Rekombination ist zur Bestimmung ihres Beitrages zur Rekombination eine von SHOCKLEY und VAN ROOSBROECK [44] stammende Bilanzbetrachtung nützlich, die in gewissem Sinne die Umkehrung der berühmten EINSTEINschen Ableitung des PLANCKschen Strahlungsgesetzes darstellt. Hierbei wird davon ausgegangen, daß die im thermodynamischen Gleichgewicht vorhandene thermische Strahlung mit der Quantendichte $\varrho(\omega)$, die vom Halbleiter mit dem Absorptionskoeffizienten $K(\omega)$ absorbiert wird, gleich der durch strahlende Rekombination im Gleichgewicht entstehenden Strahlung sein muß. Es ist

$$\varrho(\omega) = \frac{\omega^2 n_\lambda^3}{\pi^2 c^3} \, \frac{\mathrm{d}\ln n_\lambda \omega}{\mathrm{d}\ln \omega} \, \frac{1}{\mathrm{e}^{\hbar\omega/kT} - 1} \tag{5.15}$$

mit der Gruppengeschwindigkeit $v_g = \mathrm{d}\nu/\mathrm{d}(1/\lambda) = (c/n_\lambda) \times (\mathrm{d}\ln \omega/\mathrm{d}\ln n_\lambda \omega)$ und dem Brechungsindex n_λ. Es muß dann gelten

$$\int_{E_g/\hbar}^{\infty} \varrho(\omega)\, K(\omega)\, v_g(\omega)\, \mathrm{d}\omega = B \cdot n \cdot p = B n_i^2 \,. \tag{5.16}$$

Somit können wir aus empirisch bestimmten K-Werten B berechnen. Wesentlich ist dabei, daß wir $K(\omega)$ wegen des starken Abfalls von $\varrho(\omega)$ mit wachsendem ω nur für einen relativ schmalen Bereich in der Nähe der Grundgitterabsorptionskante kennen müssen. Man fand auf diese Weise für 300 K in Germanium $B = 2{,}5 \cdot 10^{-14}$

$cm^3 s^{-1}$. Damit wäre in eigenleitendem Germanium ($n_i = 2{,}4 \cdot 10^{13}$ cm^{-3}) eine Lebensdauer der Träger $\tau_i = (2Bn_i)^{-1} = 0{,}75$ s zu erwarten, wenn die strahlende Rekombination der lebensdauerbestimmende Prozeß in einem solchen indirekten Halbleiter wäre. In Wirklichkeit sind die Lebensdauern jedoch bei üblichen Germaniumkristallen um Größenordnungen kleiner und von Kristall zu Kristall unterschiedlich. SHOCKLEY schloß daraus auf die Existenz eines anderen und durch Gitterstörungen bedingten Rekombinationsmechanismus.

Diese Betrachtung bietet auch einen weiteren theoretischen Zugang zur Bestimmung von B. Er besteht darin, daß man $K(\omega)$ theoretisch berechnet, was manchmal vorteilhaft sein kann, und daraus über (5.16) B bestimmt. Auf diese Weise fand man [45], [46] für direkte erlaubte Übergänge

$$B = 0{,}58 \cdot 10^{-12}\, n_\lambda \left(\frac{m_0}{m_n + m_p}\right)^{3/2} \left(1 + \frac{m_0}{m_n} + \frac{m_0}{m_p}\right) \times \left(\frac{E_g}{\text{eV}}\right)^2 \left(\frac{300\ \text{K}}{T}\right)^{3/2} \frac{\text{cm}^3}{\text{s}}, \tag{5.17}$$

wobei $m_{p,n}$ die effektiven Massen sind.

5.1.4. *Weiteres zur strahlenden Rekombination*

Wir haben bisher nur die unmittelbare Band–Band-Rekombination behandelt. Wie bereits erwähnt, kann aber auch die Rekombination über Exzitonen oder über Zentren strahlend erfolgen. Dies ist besonders bei tiefen Temperaturen der Fall, wo andere Rekombinationsmechanismen weniger effektiv sind. Bei der Beteiligung von Zentren ergeben sich auch nicht solche Einschränkungen für die strahlende Rekombination durch die Erhaltung des Quasiimpulses, da ein lokalisiertes Elektron ein ganzes Spektrum von Quasiimpulsen enthält.

Die strahlende Rekombination ist allgemein von Bedeutung sowohl aus physikalischen als auch aus anwendungstechnischen Gründen. Physikalisch ist sie sehr wichtig, weil sie Auskunft über das Energiespektrum der Elektronen in einem festen Körper gibt. Hierauf haben besonders BONCH-BRUEVICH und LANDSBERG [47] hingewiesen. Anwendungstechnisch ist sie ein Weg zur Lichterzeugung sowohl für Beleuchtungs- als auch für Anzeigezwecke. Hinsichtlich beider Aspekte ist die Rekombination über Exzitonen oder über Zentren von besonderem Interesse, physikalisch, weil hier weitere Informationen über das Energiespektrum zu gewinnen sind, anwendungstechnisch, weil bei Nutzung der Rekombination über Zentren Schwierigkeiten überwunden werden, die sich daraus ergeben, daß direkte Halbleiter mit passender Bandlücke für das gewünschte Licht nicht zur Verfügung stehen.

(1) Exzitonen. Die Vorstellung von Exzitonen stammt von FRENKEL [48]. Ein Exziton ist ein im Festkörper frei beweglicher Anregungzustand, der jedoch noch nicht zu einer Photoleitung führt. Im Bild quasifreibeweglicher Elektronen und Löcher in einem Halbleiter können wir uns das Exziton als eine Art Wasserstoffatom, das aus einem Elektron und einem Loch gebildet wird, vorstellen [48]. Die Bindungsenergie beträgt nach diesem Modell

$$E_{\text{exz}} = \frac{m_r^* e^4}{2\hbar^2 \varepsilon_r^2 (4\pi\varepsilon_0)^2}, \tag{5.18}$$

der Radius des Exzitons wäre entsprechend $r_{\text{exz}} = \hbar^2 \varepsilon_r \cdot 4\pi\varepsilon_0 / e^2 m_r^*$, wobei ε_r die relative Dielektrizitätskonstante und $m_r^* = \dfrac{m_n^* m_p^*}{m_n^* + m_p^*}$ die reduzierte effektive Masse ist. Im Termschema des Exzitons gibt es dann auch angeregte Zustände mit geringeren Bindungsenergien $E_{\text{exz},n} = E_{\text{exz}}/n^2$. Der Exzitonenzustand ist ein echter Vielteilcheneffekt und darum im Bändermodell der Einelektronennäherung nicht darstellbar. Wenn wir mit typischen Werten $\varepsilon_r \approx 10$ und $m_r^* \approx 0{,}1\, m_0$, wie sie in Halbleitern auftreten, E_{exz} und r_{exz} abschätzen, so finden wir $E_{exz} \approx 13{,}6$ meV und $r_{exz} \approx 5{,}29 \cdot 10^{-7}$ cm. Wegen des im Vergleich zur Gitterkonstanten großen Radius sprechen wir hier auch von Exzitonen mit großem Radius. Hierdurch wird auch die Verwendung der makroskopischen Dielektrizitätskonstanten und der Effektivmassen-Näherung in gewissem Grade gerechtfertigt. Aus der geringen Bindungsenergie ergibt sich zwangsläufig, daß die Exzitonenzustände bei höheren Temperaturen, zum Beispiel bei Zimmertemperatur, durch thermische Anregung zerfallen. Bei tiefen Temperaturen werden sie jedoch durch strahlende Rekombination verschwinden. Im Lumineszenzspektrum zeigt sich dies durch eine entsprechende Serie linienartiger Strukturen bei Energiewerten $E_n = E_g - \frac{E_{exz}}{n^2}$. Abbildung 5.3 zeigt ein Beispiel, das an CdS gefunden wurde [49]. Exzitonen können sich analog zu einem Wasserstoffmolekül zu Biexzitonen vereinigen, sie können kondensieren und auch unter Aufhebung der indivi-

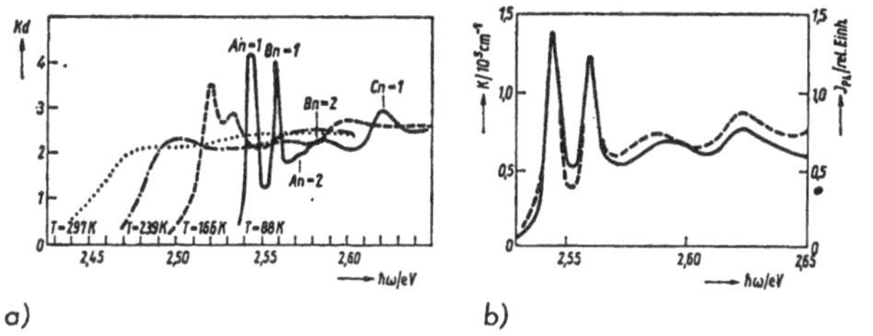

Abb. 5.3. Zur Exzitonenabsorption und Photoleitfähigkeit in CdS (nach [49]):
a) Absorptionsspektrum von CdS bei Temperaturen $88 \leq T \leq 297$ K ($F^{\omega} \perp c$),
b) Vergleich des Absorptionsspektrums (— — —) und des Photoleitfähigkeitsspektrums (——) von extrem dünnen CdS-Einkristallen bei $T = 77$ K ($F^{\omega} \perp c$).
A, B, C bezeichnen drei verschiedene Exzitonenserien entsprechend den drei Zweigen des Valenzbandes von CdS; $n = 1, 2, \ldots$ bedeutet die Hauptquantenzahl in der wasserstoffähnlichen Termformel

duellen Exzitonenbindung sich zu Elektron–Loch-Tropfen vereinigen [50]. Experimentelle Beweise für diese Erscheinungen erhält man vor allem aus den Spektren der Rekombinationsstrahlung.

(2) Zentren. Hier müssen wir vor allem zwischen den wasserstoffähnlichen Störstellen, den mehrfach besetzbaren Störstellen und den isoelektronischen Störstellen unterscheiden. (Eine Übersicht der entsprechenden Terme gibt für Germanium Abb. 8.3.) Mehrfach besetzbare und isoelektronische Störstellen gehören in die Gruppe der „tiefen" Störstellen [51].

Bei wasserstoffähnlichen Störstellen weicht das Fremdatom mit seiner Elektronenzahl in der äußeren Schale um ± 1 vom substituierten Gitteratom ab (z. B. die Akzeptoren und Donatoren aus der III. bzw. V. Gruppe in Germanium und Silizium). Auch Atome mit einem äußeren Elektron auf Zwischengitterplatz ergeben eine solche Störstelle (z. B. Lithium in Germanium). Die Bindungsenergie ist hier in gleicher Weise wie beim Exziton berechenbar und auch hier von gleicher Größenordnung. Da die Terme dann also sehr dicht entweder am Valenzband oder am Leitfähigkeitsband liegen, können diese Zentren nicht sehr wirksame Rekombinationszentren sein. Bei tiefen Temperaturen wurden an solchen Zentren strahlende Rekombinationsprozesse gefunden [52]. Weicht bei einem Fremdatom die äußere Elektronenzahl stärker ab, so wird, wenn wir von der gleichen Modellvorstellung wie bei wasserstoffähnlichen Störstellen ausgehen, die Bindungsenergie zunehmen, der Radius der Störstelle dagegen abnehmen. Damit werden dann aber die Anwendbarkeitsgrenzen dieser Vorstellung überschritten. Wir können jedoch auf jeden Fall schließen, daß diese Zentren tiefer in der verbotenen Zone liegen werden, sie sind mehrfach besetzbar, die Energie der Terme hängt vom jeweiligen Besetzungszustand ab. Sie ergeben sehr wirksame Rekombinationszentren, wobei aber strahlende Übergänge kaum eine Rolle spielen. Die Übergangsmetalle und Edelmetalle in Ge oder Si sind hierfür typische Beispiele. Sie spielen in der Halbleitertechnik eine große Rolle. Mehrfach besetzbare Zentren sind bezüglich ihrer Besetzung statistisch wesentlich schwieriger zu behandeln als einfach besetzbare. Sie wurden erstmals von Shockley und Sah [53] behandelt. Wichtige Beiträge hierzu stammen von Kalašnikov und Thiessen [54]. Isoelektronische Störstellen erhalten wir dann, wenn wir in einem Halbleiter ein Gitteratom durch ein Fremdatom mit gleicher Elektronenzahl in der äußeren Schale ersetzen [55]. Ein praktisch sehr wichtiges Beispiel ist Stickstoff in Galliumphosphid. Da GaP ein indirekter Halbleiter ist und damit im reinen Kristall die strahlende Rekombination stark benachteiligt ist, gelingt es durch den Einbau von N, die strahlende Rekombination wesentlich zu verstärken.

Sind Störstellen in hoher Konzentration in den Halbleiter eingebaut, so ist auch das Zusammenwirken mehrerer Störstellen zu berücksichtigen. An Störstellen können Exzitonen lokalisiert werden. Schließlich ist auch das Zusammenwirken von Gitterschwingungen und elektromagnetischer Strahlung zu beachten, was zu einer weiteren Modifizierung der strahlenden Rekombinationsvorgänge an Störstellen führt. Insgesamt ergibt sich ein recht kompliziertes Bild, das hier im einzelnen nicht erörtert werden kann.

5.2. Auger-*Rekombination*

Schon aus der Gasentladungsphysik ist der Auger-Effekt bekannt, bei dem ein angeregtes Atom beim Stoß mit einem zweiten (angeregten) Atom seine Anregungsenergie an letzteres abgibt und so dessen Ionisierung bewirkt. Ferner kennen wir Stöße zweiter Art, hier ist das zweite Teilchen ein Elektron, das die Anregungsenergie als kinetische Energie übernimmt, oder die Rekombination im Dreierstoß, wo die beim

Einfang eines Elektrons durch ein Ion freiwerdende Energie an ein zweites Elektron (das heißt also an ein drittes Teilchen) als kinetische Energie abgegeben wird (siehe z. B. hierzu [56]). Allen diesen Prozessen ist die AUGER-Rekombination in Halbleitern analog. So, wie in der Plasmaphysik die Rekombination im Dreierstoß die Umkehr der Stoßionisation von neutralen Atomen durch Elektronen ist, ist die AUGER-Rekombination die Umkehrung der Stoßionisation in Halbleitern. Die AUGER-Rekombination in einem Halbleiter besteht also, wie wir schon weiter oben erwähnten, darin, daß ein Elektron und ein Loch die bei ihrer Rekombination freiwerdende Energie an einen dritten Träger (Elektron oder Loch) in Form von kinetischer Energie abgeben. Wie wir im folgenden noch sehen werden, gilt auch hier ein Erhaltungssatz für die Quasiimpulse $\hbar \boldsymbol{k}_1 + \hbar \boldsymbol{k}_2 = \hbar \boldsymbol{k}_1' + \hbar \boldsymbol{k}_2'$. Abbildung 5.4 zeigt die zwei verschiedenen

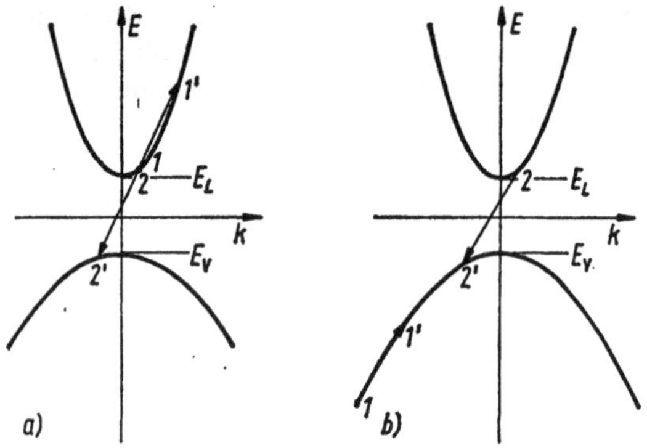

Abb. 5.4. AUGER-Rekombination für ein parabolisches Bandmodell mit $m_n^* \approx 0,5\, m_p^*$

möglichen Prozesse für ein einfaches Bandmodell mit isotroper effektiver Masse und den Energieeigenwerten

$$E_{\mathrm{L,V}}(\boldsymbol{k}) = E_{\mathrm{L,V}} \pm \frac{\hbar^2}{2m_{n,p}^*}\, k^2.$$

Der in Abbildung 5.4a dargestellte Prozeß führt auf eine Rekombinationsrate

$$r_a = C_n n^2 p \, , \tag{5.19a}$$

der in Abbildung 5.4b dargestellte auf

$$r_b = C_p p^2 n \, . \tag{5.19b}$$

Wir sehen bereits hier die Probleme, die aus dem gleichzeitigen Gelten von Energie- und Impulssatz in einem solchen einfachen Modell folgen. Selbst wenn $p \gg n$ ist (und damit $p^2 n \gg n^2 p$), kann der Prozeß nach Abbildung 5.4b sehr viel unwahrscheinlicher als der nach Abbildung 5.4a sein, weil unter Umständen $E_V(\boldsymbol{k}_1')$ so tief liegt, daß dort praktisch keine Löcher mehr vorhanden sind, in die ein Elektron von $\boldsymbol{k}_1$ übergehen könnte. Dann gibt es eben keine dritten Stoßpartner mit passendem Quasiimpuls. Wir erkennen bereits an Abbildung 5.4 grob qualitativ, daß die unterschiedliche Wirksamkeit des Elektronen- bzw. Löcherprozesses offenbar mit den unterschiedlichen effektiven Massen $|m_n^*| < |m_p^*|$, die in Abbildung 5.4 angenommen worden sind, zusammenhängt. Offenbar wird $C_n \gg C_p$ sein, wenn $|m_n^*| \ll |m_p^*|$.

Nun wollen wir quantitativ verfolgen, welche Schlußfolgerungen sich aus der Gültigkeit von Energie- und Quasiimpulserhaltung ergeben. Wir gehen von $|m_n^*| \leqq \leqq |m_p^*|$ aus und stellen die Bilanz für C_n auf: Wir haben zwei Elektronen mit den Vektoren $\boldsymbol{k}_1, \boldsymbol{k}_2$ im Leitfähigkeitsband und berechnen nun die Vektoren $\boldsymbol{k}_1', \boldsymbol{k}_2'$, die nach dem Stoßprozeß angenommen werden mögen, dabei soll das Elektron 1 im Leitfähigkeitsband bleiben, das Elektron 2 in das Valenzband übergehen, also mit einem Loch an der Stelle $\boldsymbol{k}_2'$ rekombinieren. Dann muß gelten

$$\boldsymbol{k}_1 + \boldsymbol{k}_2 = \boldsymbol{k}_1' + \boldsymbol{k}_2' \tag{5.20}$$

und

$$2E_g + \alpha\,(\boldsymbol{k}_1^2 + \boldsymbol{k}_2^2) = E_g + \alpha \boldsymbol{k}_1'^2 - \beta \boldsymbol{k}_2'^2, \tag{5.21}$$

wobei α bzw. $\beta = \dfrac{\hbar^2}{2m_{n\ \mathrm{bzw.}\ p}}$.

Aus (5.20) und (5.21) können wir nun $\boldsymbol{k}_1'$ und $\boldsymbol{k}_2'$ berechnen. Wir finden, daß $|\boldsymbol{k}_2'|$ je nach dem Winkel zwischen $\boldsymbol{k}_2'$ und $\boldsymbol{k}_1+\boldsymbol{k}_2$ zwischen den Grenzen

$$|\boldsymbol{k}_2'|=\frac{\alpha}{\alpha-\beta}\left[\pm|\boldsymbol{k}_1+\boldsymbol{k}_2|\right.$$
$$\left.+\sqrt{\frac{\beta}{\alpha}(\boldsymbol{k}_1+\boldsymbol{k}_2)^2+\frac{\alpha-\beta}{\alpha}(\boldsymbol{k}_1^2+\boldsymbol{k}_2^2)+\frac{\alpha-\beta}{\alpha^2}E_g}\right] \quad (5.22)$$

liegt. Aus $E_V(\boldsymbol{k}_2')=-\beta \boldsymbol{k}_2'^2$ folgt dann die Wahrscheinlichkeit dafür, daß der Zustand im Valenzband bei $\boldsymbol{k}_2'$ tatsächlich frei ist, zu

$$\mathrm{e}^{-\beta \boldsymbol{k}_2'^2/kT}\cdot\frac{p}{N_V}. \quad (5.23)$$

Diese Wahrscheinlichkeit hängt also über (5.22) von $\boldsymbol{k}_1$ und $\boldsymbol{k}_2$ ab. Offenbar werden jene Prozesse einen besonders großen Beitrag zur Rekombination leisten, für die das Produkt

$$f(E_L(\boldsymbol{k}_1))\,f(E_L(\boldsymbol{k}_2))\,[1-f(E_V(\boldsymbol{k}_2'))]$$
$$\approx\exp\left(-\frac{\alpha(\boldsymbol{k}_1^2+\boldsymbol{k}_2^2)+\beta\boldsymbol{k}_2'^2}{kT}\right)\left(\frac{n}{N_L}\right)^2\frac{p}{N_V} \quad (5.24)$$

maximal wird.

Ist $\alpha=\beta$, das heißt bei gleichen effektiven Massen in Valenz- und Leitfähigkeitsband, ist Formel (5.22) nicht anwendbar. Eine entsprechende Rechnung für diesen einfachen Spezialfall ergibt für $\boldsymbol{k}_2' \parallel (\boldsymbol{k}_1+\boldsymbol{k}_2)$

$$\boldsymbol{k}_2'=\frac{\boldsymbol{k}_1\boldsymbol{k}_2-E_g/2\alpha}{|\boldsymbol{k}_1+\boldsymbol{k}_2|^2}(\boldsymbol{k}_1+\boldsymbol{k}_2). \quad (5.25)$$

Für $\boldsymbol{k}_1=\boldsymbol{k}_2=-\boldsymbol{k}_2'=\boldsymbol{k}_0$ mit $|\boldsymbol{k}_0|=\frac{1}{\sqrt{3}}\left(\frac{E_g}{2\alpha}\right)^{1/2}$ wird das Produkt (5.24) maximal, und wir erhalten

$$\exp\left[-\frac{\alpha(\boldsymbol{k}_1^2+\boldsymbol{k}_2^2+\boldsymbol{k}_2'^2)}{kT}\right]\frac{n^2}{N_L^2}\cdot\frac{p}{N_V}$$
$$=\exp\left(-\frac{E_g}{2kT}\right)\frac{n^2p}{N_L^2N_V}. \quad (5.26)$$

Die AUGER-Rekombination benötigt also eine Aktivierungsenergie, die hier $E_g/2$ beträgt. Diese Formel gilt natürlich nur dann, wenn die entsprechenden $|\boldsymbol{k}|$-Werte noch in der 1. BRILLOUIN-Zone liegen und dort die Effektivmassen-Näherung noch anwendbar ist. Letzteres wird in der Regel schlecht erfüllt sein, z. B. bei Gültigkeit des KANEschen Modells (siehe dazu z. B. [2] S. 69). In Eigenleitern mit $n_0 = p_0$ läßt sich dann für die Lebensdauer τ unter Beachtung, daß $n_0 p_0 \sim \mathrm{e}^{-E_g/kT}$, folgern

$$\frac{1}{\tau_i} \sim \mathrm{e}^{-\frac{3}{2}\frac{E_g}{kT}}. \tag{5.27}$$

Bisher haben wir nur den Energiesatz und den Erhaltungssatz für den Quasiimpuls benutzt und daraus die Existenz einer Aktivierungsenergie für die AUGER-Rekombination geschlossen. Wir wissen aber noch nichts über den Proportionalitätsfaktor, der vor der Exponentialfunktion steht. Um darüber eine Aussage zu erhalten, müssen wir wieder die quantenmechanische Übergangswahrscheinlichkeit berechnen zwischen einem Zustand $|\boldsymbol{k}_1\mathrm{L}, \boldsymbol{k}_2\mathrm{L}\rangle$, der also zwei Elektronen im Leitfähigkeitsband mit den Wellenvektoren $\boldsymbol{k}_1$ und $\boldsymbol{k}_2$ beschreibt, und einem Zustand $|\boldsymbol{k}_1'\mathrm{L}, \boldsymbol{k}_2'\mathrm{V}\rangle$, der einem Elektron mit $\boldsymbol{k}_1'$ im Leitfähigkeitsband und einem Elektron $\boldsymbol{k}_2'$ im Valenzband entspricht. Der Wechselwirkungsoperator ist ein abgeschirmtes COULOMB-Potential

$$W(\boldsymbol{r}_1, \boldsymbol{r}_2) = \frac{e^2}{4\pi\varepsilon_0\varepsilon_r} \frac{\mathrm{e}^{-\lambda|\boldsymbol{r}_1 - \boldsymbol{r}_2|}}{|\boldsymbol{r}_1 - \boldsymbol{r}_2|}. \tag{5.28}$$

Der Abschirmungsparameter ergibt sich zum Beispiel aus der klassischen Betrachtungsweise von DEBYE und HÜCKEL zu

$$\lambda = \sqrt{\frac{e^2 n_0}{4\pi\varepsilon_0\varepsilon_r kT}}, \tag{5.29}$$

wenn wir es mit einem nichtentarteten n-Leiter zu tun haben, im Fall der Entartung gilt die THOMAS-FERMI-

Näherung

$$\lambda = \sqrt{\frac{e^2 N(E_F)}{\varepsilon_r 4\pi\varepsilon_0}}\,. \tag{5.30}$$

$N(E_F)$ ist die Termdichte an der FERMI-Grenze E_F. Um das Matrixelement $\langle \boldsymbol{k}_1'\mathrm{L}, \boldsymbol{k}_2'\mathrm{V}\,|W|\,\boldsymbol{k}_1\mathrm{L}, \boldsymbol{k}_2\mathrm{L}\rangle$ zu berechnen, entwickeln wir zweckmäßigerweise das Wechselwirkungspotential nach ebenen Wellen

$$\frac{\mathrm{e}^{-\lambda|\boldsymbol{r}|}}{|\boldsymbol{r}|} = \sum_{\boldsymbol{k}} v_{\boldsymbol{k}} \mathrm{e}^{i\boldsymbol{k}\boldsymbol{r}}\,. \tag{5.31}$$

Wir erhalten dann

$$v_{\boldsymbol{k}} = \frac{4\pi}{\Omega}\,\frac{1}{\lambda^2 + \boldsymbol{k}^2}\,. \tag{5.32}$$

Wenn wir nun $|\boldsymbol{k}_1\mathrm{L}, \boldsymbol{k}_2\mathrm{L}\rangle$ je nach Spinzuständen der Elektronen als symmetrischen beziehungsweise antisymmetrischen Produktansatz BLOCHscher Wellen $\frac{1}{\sqrt{\Omega}}\,\mathrm{e}^{i\boldsymbol{k}_1\boldsymbol{r}} u_{\mathrm{L},\boldsymbol{k}_1}(\boldsymbol{r})$ annehmen, so folgt

$$\langle \boldsymbol{k}_1'\mathrm{L}\boldsymbol{k}_2'\mathrm{V}\,|W|\,\boldsymbol{k}_1\mathrm{L}, \boldsymbol{k}_2\mathrm{L}\rangle = \frac{e^2}{\varepsilon_0\varepsilon_r\Omega}\,\delta_{\boldsymbol{k}_1+\boldsymbol{k}_2,\,\boldsymbol{k}_1'+\boldsymbol{k}_2'} \times \frac{I_1 I_2}{\lambda^2 + (\boldsymbol{k}_1 - \boldsymbol{k}_1')^2}\,. \tag{5.33}$$

Hierin sind I_1 und I_2 Integrale vom Typ $\frac{1}{\Omega_0}\int_{\Omega_0} u^*_{\mathrm{L}\boldsymbol{k}_1'} u_{\mathrm{L}\boldsymbol{k}_1}\,\mathrm{d}^3\boldsymbol{r}$ bzw. $\frac{1}{\Omega_0}\int_{\Omega_0} u^*_{\mathrm{V}\boldsymbol{k}_2'} u_{\mathrm{L}\boldsymbol{k}_2}\,\mathrm{d}^3\boldsymbol{r}$.

Man kann erwarten, daß sie Größenordnungen um 0,1 oder 1 haben. Die Quasiimpulserhaltung kommt hier auf ähnliche Weise, wie in Abschnitt 5.1. dargelegt, zustande. Lediglich haben wir es hier zunächst mit Doppelsummen zu tun, die auf $\delta(\boldsymbol{k}_1' - \boldsymbol{k}_1 - \boldsymbol{k})$ bzw. $\delta(\boldsymbol{k}_2' - \boldsymbol{k}_2 - \boldsymbol{k})$ führen und zusammengenommen die obige Aussage ergeben, einschließlich des Umstandes, daß nur der $v_{\boldsymbol{k}}$-Wert mit $\boldsymbol{k} = \boldsymbol{k}_1' - \boldsymbol{k}_1$ eine Rolle spielt.

In Abhängigkeit von den Spinzuständen sind bei $I_1 I_2$ auch die Austauschintegrale zu berücksichtigen, was jedoch insgesamt nur zu Änderungen um einen Faktor $\beta = 2$ bis 4 führt; das sind Änderungen, die hier nicht interessieren können, da wir $I_1 I_2$ ohnehin nicht genau kennen. Die Gesamtübergangsrate im Volumen Ω aus dem Leitfähigkeitsband in das Valenzband für den Prozeß in Abbildung 5.4a erhalten wir entsprechend der DIRACschen Störungsrechnung zu

$$W_{\mathrm{L}\to\mathrm{V}} = \frac{2\pi}{\hbar} \sum_{\boldsymbol{k}_1 \boldsymbol{k}_2} \sum_{\boldsymbol{k}_1' \boldsymbol{k}_2'} |\langle \boldsymbol{k}_1' \mathrm{L}, \boldsymbol{k}_2' \mathrm{V} \,|W|\, \boldsymbol{k}_1 \mathrm{L}, \boldsymbol{k}_2 \mathrm{L} \rangle|^2$$
$$\times f(E_{\mathrm{L}}(\boldsymbol{k}_1))\, f(E_{\mathrm{L}}(\boldsymbol{k}_2))\, [1 - f(E_{\mathrm{L}}(\boldsymbol{k}_1'))]\, [1 - f(E_{\mathrm{V}}(\boldsymbol{k}_2'))]$$
$$\times \delta(E_{\mathrm{L}}(\boldsymbol{k}_1) + E_{\mathrm{L}}(\boldsymbol{k}_2) - E_{\mathrm{L}}(\boldsymbol{k}_1') - E_{\mathrm{V}}(\boldsymbol{k}_2'))\,. \qquad (5.34)$$

Um diese Summe grob abzuschätzen, gehen wir von dem oben bereits andiskutierten Fall $m_n^* = m_p^* = m^*$ aus. Wir nehmen an, daß nur die Elektronen mit einem in der Nähe der Extremalkugelschale $\boldsymbol{k} = |\boldsymbol{k}_0|$ von (5.24) mit der Energie E_0 und der „Dicke" kT und den Werten $\boldsymbol{k}_1 \approx \boldsymbol{k}_2 \approx \boldsymbol{k}_0$ etwas zu $W_{\mathrm{L}\to\mathrm{V}}$ beitragen. Wir können ferner berücksichtigen, daß $\delta_{\boldsymbol{k}_1+\boldsymbol{k}_2,\, \boldsymbol{k}_1'+\boldsymbol{k}_2'}$, das die $\boldsymbol{k}$-Bilanz enthält, die Doppelsumme über $\boldsymbol{k}_1'$, $\boldsymbol{k}_2'$ in eine einfache Summe über $\boldsymbol{k}_2'$ verwandelt. Die δ-Funktion, die die Energiebilanz enthält, läßt dann von dieser letzteren Summe nur noch eine Termdichte übrig. So erhalten wir

$$W_{\mathrm{L}\to\mathrm{V}} \approx \frac{2\pi}{\hbar} |\langle 3\boldsymbol{k}_0 \mathrm{L}, -\boldsymbol{k}_0 \mathrm{V} \,|W|\, \boldsymbol{k}_0 \mathrm{L}, \boldsymbol{k}_0 \mathrm{L} \rangle|^2$$
$$\times \frac{n^2}{N_{\mathrm{L}}^2} (D(E_0))^2 (kT)^2 \frac{p}{N_{\mathrm{V}}} D(E_0)\, \mathrm{e}^{-\frac{3E_0}{kT}}\,. \qquad (5.35)$$

Hierin ist $D = 4\pi\Omega\, (2m^*/h^2)^{3/2} E^{1/2}$ die Termdichte in den Bändern, $N_{\mathrm{L}} = N_{\mathrm{V}} = 2\, (2\pi m^* kT/h^2)^{3/2}$ ist die wie üblich auf das Einheitsvolumen bezogene effektive Zustandsdichte der Bänder. Wenn wir nun für das Matrixelement bei Beachtung von $|\boldsymbol{k}_1 - \boldsymbol{k}_1'| = 2\, |\boldsymbol{k}_0|$ und unter Vernachlässigung der Abschirmung den Wert gemäß (5.33) einsetzen

$$\langle 3\boldsymbol{k}_0\mathrm{L}, -\boldsymbol{k}_0\mathrm{V}\,|W|\,\boldsymbol{k}_0\mathrm{L}, \boldsymbol{k}_0\mathrm{L}\rangle = \frac{e^2}{\varepsilon_0\varepsilon_r\Omega}\,\frac{I_1 I_2}{4k_0^2}\,, \quad (5.36)$$

so erhalten wir für die Übergangsrate aus dem Leitfähigkeitsband in das Valenzband, bezogen auf die Volumeneinheit, und mit $k_2^0 = 2m^* E_0/\hbar^2$ und $E_0 = \frac{E_g}{6}$

$$r_a = \frac{W_{\mathrm{L}\to\mathrm{V}}}{\Omega} = 4\pi^{3/2}\,\frac{e^4\hbar^3}{(4\pi\varepsilon_0\varepsilon_r)^2\, m^{*2}} \times \frac{|I_1 I_2|^2}{(kT)^{5/2} E_0^{1/2}}\, e^{-\frac{E_g}{2kT}} n^2 p\,. \quad (5.37)$$

Der Zahlenfaktor ist hier natürlich nicht ernst zu nehmen. Eine genauere Rechnung für den Fall $m_n^* = \mu m_p^*$ ergibt

$$r_a = 8\beta\pi^2\,\frac{e^4\hbar^3}{(4\pi\varepsilon_0\varepsilon_r)^2\, m_n^{*2}}\,\frac{|I_1 I_2|^2}{(kT)^2\, E_g} \times \frac{\mu^{3/2}}{(1+\mu)\sqrt{2\,(1+2\mu)}}\, e^{-\frac{\mu}{1+\mu}\cdot\frac{E_g}{kT}} \times n^2 p \quad (5.38)$$

(siehe hierzu [57] S. 431). Auch hier wurde die Abschirmung vernachlässigt. Beide Ausdrücke ergeben etwa den gleichen Größenordnungsbereich und für $\mu = 1$ bis auf den Unterschied in der T-Potenz ($T^{-5/2}$ statt T^{-2}) die gleiche Temperaturabhängigkeit. Wir können mit (5.38) $C_n = r_a/n^2p$ abschätzen. Wir erhalten mit $\beta = 3$, $\mu = 1$ und $|I_1 I_2|^2 = 10^{-2}$

$$C_n = 10^{-28}\left(\frac{10}{\varepsilon_r}\right)^2\left(\frac{m_0}{m^*}\right)^2 \times \left(\frac{1\ \mathrm{eV}}{E_g}\right)\left(\frac{300\ \mathrm{K}}{T}\right)^2 e^{-\frac{E_g}{2kT}}\ \mathrm{cm}^6\ \mathrm{s}^{-1}.$$

Für einen Halbleiter mit $E_g = 0{,}3$ eV und 300 K würde man also bei $m^* = m_0$, $\varepsilon_r = 10$ einen Wert $C_n \approx 10^{-30}$ cm^6 s^{-1} finden. Gleichung (5.37) ergibt einen etwa um den Faktor 10 größeren C_n-Wert. Bei einer üblichen Dotierung von 10^{15} cm^{-3} würde also hier die Lebensdauer 1 s betragen müssen. Bei niedrig dotierten Halbleitern und niedrigen Temperaturen ist also auch die AUGER-Rekombination offensichtlich nicht der die Lebensdauer bestimmende Mechanismus.

Wir haben oben gesehen, wie stark die Energie- und die Quasiimpulserhaltung unser Ergebnis beeinflussen. Wenn wir eine kompliziertere Bandstruktur vorliegen haben, etwa im Fall des indirekten Halbleiters Silizium (Abb. 5.5) oder bei einer komplizierten Valenzbandstruktur (Abb. 5.6 für InAs), ist die Situation völlig verändert. Die für die AUGER-Rekombination erforderliche Aktivierungsenergie kann dann sehr viel kleiner als $E_g/2$ werden oder sogar ganz und gar verschwinden,

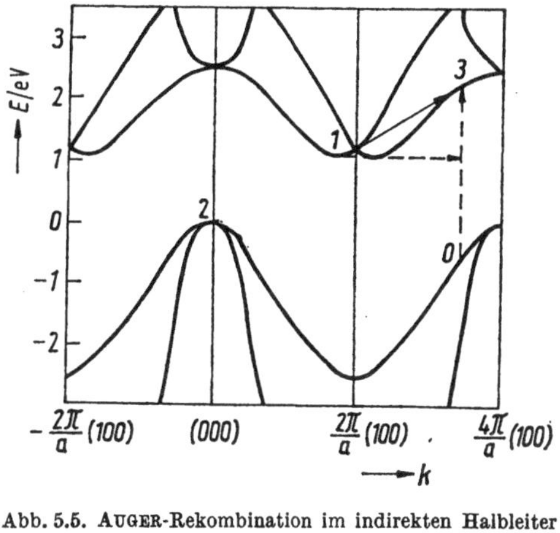

Abb. 5.5. AUGER-Rekombination im indirekten Halbleiter Silizium nach [58]. —— AUGER-Übergänge, – – – zu übertragende Energien bzw. Quasiimpulse.

Bei der Rekombination eines Elektrons im Zustand 1 mit einem Loch im Zustand 2 können Energie- und Impulssatz erfüllt werden, wenn ein weiteres Elektron aus dem Zustand 1 in den Zustand 3 übergeht. Der Bandabstand $E_L(\boldsymbol{k}_3) - E_V(\boldsymbol{k}_0)$ beträgt etwa 3 eV; bei 3,2 eV wird in Korrespondenz dazu ein Anstieg der Quantenausbeute von Silizium über den Wert Eins hinaus beobachtet (siehe z. B. [Z 11])

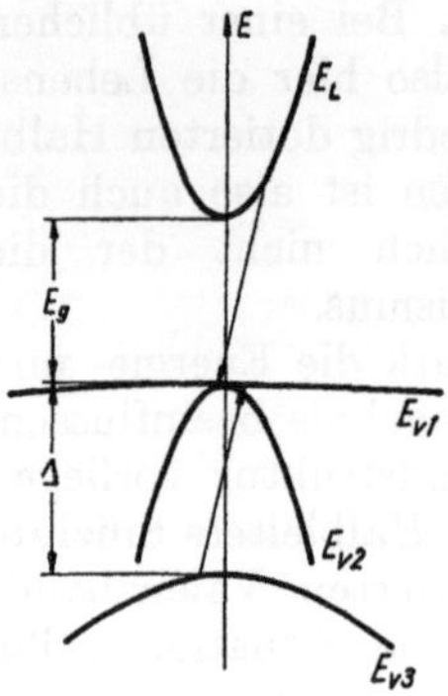

Abb. 5.6. AUGER-Rekombination in InAs. Infolge der komplizierten Valenzbandstruktur (Band der schweren Löcher, Band der leichten Löcher, durch Spin-Bahn-Wechselwirkung abgesenktes Valenzband) ist die Schwellenergie für den *ehh*-Prozeß herabgesetzt

wie unsere Abbildungen plausibel machen und Tabelle 5.1 zeigt. Der experimentelle Nachweis der AUGER-Rekombination gelang erstmals 1953 MOSS [59]. Er fand durch Messung des photomagnetoelektrischen Effekts, daß die Lebensdauer der Minoritätsträger in PbS dem Quadrat der Leitfähigkeit umgekehrt proportional war und konnte C zu $2 \cdot 10^{-28}\,\text{cm}^6\,\text{s}^{-1}$ abschätzen, also durchaus in dem Größenordnungsbereich, der aus den oben angeführten groben theoretischen Abschätzungen folgt. ZITTER konnte 1959 zeigen, daß die Lebensdauer der Minoritätsträger in InSb sich durch eine Exponentialfunktion $\tau = \tau_0 \exp T_0/T$ mit $\tau_0 = 5 \cdot 10^{-12}\,\text{s}$ und $T_0 = 2600\,\text{K}$ beschreiben läßt [60],

Tabelle 5.1

Halbleiter		InSb	GaSb	GaAs	Si	Ge
Aktivierungsenergie	a)	10	95	220	< 50	5
für AUGER-Rekombination in meV	b)	5	10	206	>1000	60 bzw. 205
zum Vergleich E_g in meV 300 K		180	680	1350	1107	670

a) betrifft den n^2p proportionalen Prozeß, b) den $\sim p^2n$. Die zweite Angabe unter b) bei Ge betrifft den AUGER-Rekombinationsprozeß unter Beteiligung eines Elektrons im relativen Minimum des Leitfähigkeitsbandes bei $k = 0$ (Γ-Punkt), siehe [61] also durch eine Formel, wie sie für AUGER-Rekombination charakteristisch ist. Eine interessante direkte Nachweismethode für die beim Rekombinationsprozeß entstehenden AUGER-Elektronen höherer Energie wurde von CONRADT 1968 angewendet, der die Lumineszenzstrahlung, das heißt die Rekombinationsstrahlung dieser Elektronen bei $\hbar\omega > E_g$, mit empfindlichen optischen Nachweismethoden auffinden konnte. Bei starker Anregung fand man, daß die Intensität dieser Strahlung proportional n^2p^2 war. Das ist verständlich, wenn man davon ausgeht, daß die Konzentration der hochenergetischen AUGER-Träger proportional n^2p bzw. p^2n sein muß. Die strahlenden Rekombinationsprozesse ergeben sich, wenn man beachtet, daß noch ein weiterer Partner nötig ist, dann tatsächlich proportional zu n^2p^2. Näheres hierzu siehe [61]. Interessant ist auch der direkte Nachweis der AUGER-Elektronen durch ihre Emission bei Herabsetzung der Austrittsarbeit des Halbleiters durch eine Zäsiumbedeckung der Oberfläche. Dieser Nachweis gelang 1971 an GaAs [62].

Mit dem Zur-Verfügung-Stehen leistungsfähiger Laser bestand die Möglichkeit, in Bereiche so hoher Anregungsdichten g vorzustoßen, daß die AUGER-Rekombination der bestimmende Rekombinationsprozeß ist und eine entsprechende Abhängigkeit der Nichtgleichgewichtsträgerkonzentration $\delta n = \delta p \sim g^{1/3}$ nachzuweisen war. Solche Untersuchungen wurden vor allem von sowjetischen Halbleiterphysikern (siehe Abschnitt 7.) durchgeführt. Eine Übersicht über vorliegende experimentelle und theoretische Werte von C gibt Tabelle 7.2. Kombiniert man die Anregung mit einem Hochleistungslaser (etwa einem Nd-YAG-Laser) mit höchster Nachweisempfindlichkeit für das entstehende Lumineszenzlicht (Lichtquantenzähler mit Boxcarintegrator), so kann man in Halbleitern wie GaSb nachweisen, daß AUGER-Löcher in dem durch die Spin–Bahn-Wechselwirkung abgespaltenen tieferliegenden Valenzband auftreten und sogar ihre Lebensdauer in diesem Band bestimmen [63].

Ähnlich wie bei den strahlenden Übergängen wäre auch bei der AUGER-Rekombination die Mitwirkung von Phononen zu betrachten. Die gesamten Überlegungen zur Impulsbilanz werden bei solchen phononenassistierten AUGER-Rekombinationsprozessen wesentlich zu modifizieren sein. Allerdings wird die Wahrscheinlichkeit solcher Prozesse, da sie einen weiteren Wechselwirkungsprozeß enthalten, geringer als die der bisher betrachteten sein.

5.3. *Rekombination durch Wechselwirkung mit den thermischen Gitterschwingungen*

Wenn man die Wechselwirkung von Elektronen mit thermischen Gitterschwingungen behandelt, so findet man trotz der bereits erläuterten Unterschiede manche Parallelität zur Behandlung der Wechselwirkung mit elektromagnetischer Strahlung. Auch hier geht man wieder zweckmäßigerweise von der DIRACschen Störungsrechnung aus. Es sind die Übergangswahrscheinlichkeiten zwischen zwei Zuständen $|a, \ldots, N_{qi}, \ldots\rangle$ und $|e, \ldots N'_{qi}, \ldots\rangle$ zu berechnen, dabei seien der Anfangszustand bezüglich seines Elektronenanteils $|a\rangle$ eine BLOCHsche Welle $\frac{1}{\sqrt{\Omega}}\, e^{i\boldsymbol{k}\boldsymbol{r}} u_{\boldsymbol{k}\nu}(\boldsymbol{r})$, der Endzustand $|e\rangle$ ein lokalisierter Zustand $\psi(\boldsymbol{r})$ oder auch eine BLOCHsche Welle mit den Energieeigenwerten E_a bzw. E_e. Der Gesamtzustand ergibt sich als Produkt des Elektronenanteils $|a\rangle$ bzw. $|e\rangle$ mit den Zuständen $|N_{qi}\rangle$ des harmonischen Oszillators mit den Energieeigenwerten $\hbar\omega_{qi}$, die die thermischen Gitterschwingungen beschreiben. Wir erhalten dann für das ungestörte Eigenfunktionssystem der nullten Näherung

$$|a, \ldots, N_{qi}, \ldots\rangle = |a\rangle \prod_{q,i} |N_{qi}\rangle \tag{5.39}$$

und für die entsprechenden Energieeigenwerte

$$E_{a,\ldots,N_{qi},\ldots} = E_a + \sum_{q,i} \left(N_{qi} + \frac{1}{2}\right) \hbar\omega_{qi}\,. \tag{5.40}$$

Insoweit gibt es zunächst eine völlige Parallelität etwa zur Berechnung der thermischen Streuung von Elektronen, wie sie zum Beispiel in [2], Abschnitte 8 und 9, behandelt wird. Ist das Wechselwirkungsglied im HAMILTON-Operator proportional zu den Amplituden b_{qi}, b_{qi}^* der Gitterschwingungen und von der Form

$$W = \sum_{q,i} b_{qi} V_{qi} e^{iqr} + b_{qi}^+ V_{qi}^+ e^{-iqr}, \tag{5.41}$$

so ergibt sich für den Fall, daß auch der Endzustand eine BLOCHsche Welle ist, wieder der Erhaltungssatz für die Quasiimpulse

$$\hbar \boldsymbol{k}_e = \hbar\,(\boldsymbol{k}_a \pm \boldsymbol{q}_i)\,. \tag{5.42}$$

Eine weitere Folge der Linearität des Wechselwirkungsterms (5.41) in den b_{qi}, b_{qi}^+ ist, wenn die Gitterschwingungen im Anfangs- und Endzustand die gleichen sind, wie das zunächst natürlich naheliegt, die Tatsache, daß nur Einquantenprozesse möglich sind, da

$$\langle N'_{qi} \mid b_{qi} \mid N_{qi} \rangle = \delta_{N'_{qi}, N_{qi}-1} \cdot \sqrt{N_{qi}}$$

bzw.

$$\langle N'_{qi} \mid b_{qi}^+ \mid N_{qi} \rangle = \delta_{N'_{qi}, N_{qi}+1} \cdot \sqrt{N_{qi}+1}\,. \tag{5.43}$$

Für den Energiesatz gilt dann

$$E_e = E_a \pm \hbar\omega_{qi}\,. \tag{5.44}$$

Hieran erkennen wir, daß in der 1. Näherung der DIRACschen Störungstheorie strahlungslose Übergänge mit ausschließlicher Emission von Phononen für $E_L - E_V \gg \hbar\omega_{qi}$ nicht möglich sind. Erst in höheren Näherungen, für $E_L - E_V = 50\,\hbar\omega_{qi}$ zum Beispiel erst in 50. Näherung, würden solche Prozesse auftreten. Die entsprechenden Glieder werden dann aber sehr klein sein, wenn die Störung klein und damit die Anwendung einer Störungsrechnung überhaupt gerechtfertigt ist. Die Wahrscheinlichkeit für einen Vielquantenprozeß, bei dem gleichzeitig $(E_L - E_V)/\hbar\omega_{qi}$ Phononen emittiert werden, wäre dann nämlich von

$(E_L - E_V)/\hbar\omega_{qi}$ter Ordnung in der Störung. ROMPE und MÖGLICH erkannten bereits 1940 [64], daß ein Prozeß, der mit einer Störungsrechnung so hoher Ordnung adäquat beschrieben wäre, kaum die tatsächlich beobachtete strahlungslose Rekombination erklären könnte und daß darum nach anderen Ursachen für strahlungslose Rekombination gesucht werden muß. Sie schlugen vor, Anharmonizitäten in der Störung selbst zu berücksichtigen und in den Störoperator selbst die Amplitude der thermischen Gitterschwingungen als Produkte in hoher Ordnung eingehen zu lassen. Sie sprachen dabei auch die Vermutung aus, daß solche Anharmonizitäten ihre Ursache in Störstellen im Gitter haben könnten. Enthält das Störglied im HAMILTON-Operator die Amplituden der Gitterschwingungen als Produkt n-ter Ordnung, so sind bereits in 1. Näherung der Störungsrechnung Prozesse, bei denen simultan n Phononen entstehen oder absorbiert werden, möglich. Problematisch bleibt bei diesem Vorgehen, daß nicht die entsprechenden Änderungen in den Eigenwerten und Eigenfunktionen der thermischen Gitterschwingungen angebbar wären und daher einfach mit denen des harmonischen Oszillators weiter gerechnet würde.

Ein anderes Vorgehen zur Erklärung von strahlungslosen Übergängen wurde von MOTT schon 1938 [65] vorgeschlagen. Grundgedanke ist hier, daß bei Vorliegen einer Störstelle das Gitter in der Umgebung verzerrt ist und Schwingungen ausführen kann, die nicht durch die üblichen thermischen Gitterschwingungsamplituden, sondern durch eine Konfigurationskoordinate, zum Beispiel den „Radius" der Störstelle, beschrieben werden. Dieses Vorgehen ist dann formal sehr ähnlich der quantenmechanischen Behandlung eines Moleküls. Die potentielle Energie der Störstelle mit dem Elektron (unter Einschluß der Gesamtenergie des Elektrons) $E_\alpha(R)$ hängt nun von der Konfigurationskoordinate R und dem Zustand α des Elektrons ab, das heißt davon, ob und wie stark das Elektron in der Störstelle lokalisiert ist. Wir erhalten also unterschiedliche und nicht nur parallelverschobene Kurven $E_\alpha(R)$, je nachdem, ob das Elektron bereits eingefangen ist oder ob es sich noch quasifrei im Kristall als durch die Störstelle nur wenig beeinflußte Blochsche Welle bewegt. Abbildung 5.7 veranschaulicht diese Situation.

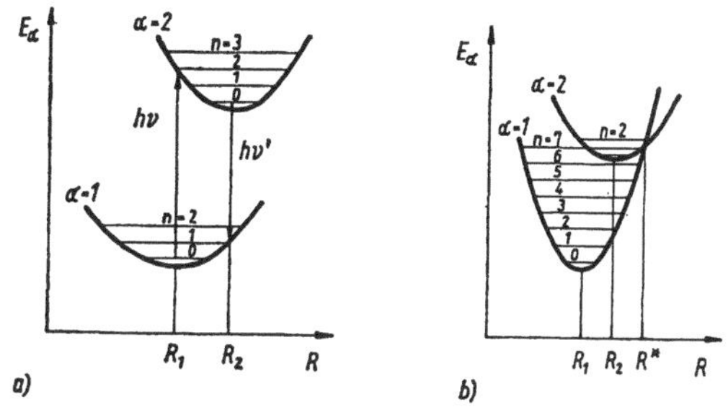

Abb. 5.7. Die Kurven veranschaulichen die potentielle Energie der Störstelle $E_\alpha(R)$ als Funktion der Konfigurationskoordinate R (einschließlich der Gesamtenergie des Elektrons), die durch horizontale Striche gekennzeichneten Energieniveaus entsprechen den Eigenwerten der Gesamtenergie des Systems Elektron mit Störstelle $E_{\alpha n}$, wobei n die Niveaus der Schwingungen der Konfigurationskoordinate angibt (es sind n Schwingungsquanten angeregt). $\alpha = 1$ entspreche dem Grundzustand des in der Störstelle lokalisierten Elektrons, $\alpha = 2$ einem angeregten (d. h. eventuell auch dem quasifreien) Zustand des Elektrons.

In a) würde eine strahlende Rekombination erfolgen bei gleichzeitigem Entstehen von Schwingungsquanten. Wenn sich die Kurven überschneiden oder berühren, ist eine strahlungslose Rekombination möglich. In unserem Bild würde ein Übergang aus dem Zustand mit $\alpha = 2$ und $n = 1$ in den Zustand $\alpha = 1$, $n = 7$ möglich sein, das heißt es würden 7 Schwingungsquanten simultan entstehen und 1 Schwingungsquant verschwinden

Im Falle a), wenn sich die Kurven $E_\alpha(R)$ weder überschneiden noch berühren können, erkennen wir, wie durch das Zusammenwirken von Franck-Condon-Prinzip und Thermalisierung des Systems mit dem Gitter bei einer Anregung des Systems mit Strahlung der Frequenz ν eine Rekombinationsstrahlung der

Frequenz ν' mit $\nu' < \nu$ (STOKESsche Verschiebung der Lumineszenzstrahlung) zu erwarten ist. Im thermodynamischen Gleichgewicht wird das System bei hinreichend tiefen Temperaturen im Zustand $|1,0\rangle$ sein ($\alpha = 1$, $n = 0$) und die Energie E_{10} haben. Nach dem FRANCK-CONDON-Prinzip ist dann eine Anregung nur in solche Zustände $|\alpha, n\rangle$ möglich, die bei dem gleichen R-Wert wie $|1,0\rangle$ eine große Aufenthaltswahrscheinlichkeit des Systems besitzen. In Abbildung 5.7a wäre das beim Wert $R = R_1$ für den Zustand $|2,2\rangle$ mit der Energie E_{22} der Fall. Ist nun unser System an das Kristallgitter so stark angekoppelt, daß die Schwingungsquanten des Systems sukzessive und schneller als eine eventuelle Reemission an das Gitter insgesamt abgegeben werden (Thermalisierung des Systems), so erfolgt die Reemission der Strahlung aus dem Zustand $|2,0\rangle$ mit der Energie E_{20} in den Zustand $|\alpha, n\rangle$, der bei dem gleichen R-Wert wie $|2,0\rangle$ die größte Aufenthaltswahrscheinlichkeit hat. In Abbildung 5.7a wäre das der Wert R_2 und der Zustand $|1,1\rangle$ mit der Energie E_{11}. Gilt

$$E_{\alpha n} = E_\alpha + \left(n + \frac{1}{2}\right) \hbar\omega_\alpha \,, \tag{5.45}$$

so ist offenbar in unserem Fall die STOKESsche Verschiebung $h(\nu - \nu') = 2\hbar\omega_2 - \hbar\omega_1$.

Überschneiden oder berühren sich nun die Kurven $E_\alpha(R)$ in dem Punkt R^* und ist R^* bzw. $E_2(R^*)$ nicht zu weit von R_2 bzw. E_{20} entfernt, so wird aus der Reemission von Licht mit geringerer Quantenenergie entsprechend der STOKESschen Verschiebung ein strahlungsloser Übergang. Ist $E_2(R^*)$ wesentlich größer als $E_{\alpha 0}$, so wird für die strahlungslose Rekombination eine Aktivierungsenergie $E_2(R^*) - E_{20}$ auftreten, die diesen Prozeß stark temperaturabhängig macht und die Quantenausbeute für den strahlenden Rekombinationsprozeß bestimmt, der in Konkurrenz als Übergang aus dem Zustand $|2,0\rangle$ mit der Energie E_{20} in Zustände $|1, n\rangle$ mit hoher Aufenthaltswahrscheinlichkeit bei R_2 auftritt. In Abbildung 5.7b wäre das der Zustand $|1,2\rangle$ mit der Energie E_{12}. So erklärten MOTT und GURNEY die thermische Löschung der Lumineszenz [65]. ADIROWITSCH griff dieses Prinzip auf und behandelte es quantenmechanisch in adiabatischer Näherung. Konkret wurde ein Potentialtopf des Radius R als Störstellenmodell verwendet [66]. Er konnte quantitativ nachweisen, daß das Modell das erwartete Verhalten tatsächlich auch zeigt.

Damit war ein prinzipieller Zugang zum Problem der strahlungslosen Übergänge gefunden, der sich aber schwerlich bis zur quantitativen Berechnung von Einfangquerschnitten führen ließ. Er erhärtete aber die Auffassung, daß unter üblichen Anregungs- und Dotierungsbedingungen in Halbleitern die strahlungslose Rekombination an Störstellen, an Störungen des periodischen Gitteraufbaus erfolgt. Im Dunkel bleibt bei dieser Behandlungsweise, wie die Abgabe der Schwingungsenergie des Störstellensystems an die üblichen Gitterschwingungen erfolgt. Das ist jedoch nicht allzu schlimm, da man nur sicher sein muß, daß das hinreichend schnell geht, was nicht unwahrscheinlich ist. Ebenso ist die richtige Wahl der Konfigurationskoordinate ein offenes Problem. Eine noch weitergehende Vereinfachung der Behandlung der strahlungslosen Rekombination an Störstellen ist die statische Näherung [67], sie hat jedoch den Vorteil, daß sie sich eher bis zu experimentell überprüfbaren Formeln, die nur wenige empirisch zu bestimmende Parameter enthalten, durchführen läßt. Auch wird hier die Ankopplung der Störstelle an die thermischen Gitterschwingungen, wenn auch in sehr grober Näherung, theoretisch überschaubar. In letzter Zeit wurden hierzu konkrete quantenmechanische Berechnungen für den Fall polarer Halbleiter für die Wechselwirkung mit den Gitterschwingungen des optischen Zweiges unter Annahme einer festen Frequenz ω_0 der Gitterschwingungen (PÄSSLER 1974 [68]) durchgeführt.

Der Grundgedanke ist hier der folgende. Wird ein Elektron an einer Störstelle lokalisiert, so verschieben sich die „Ruhelagen" der einzelnen Gitteratome um einen bestimmten Betrag durch die Wechselwirkung zwischen den Gitteratomen und dem lokalisierten Elektron. Es ist dies an sich der gleiche Effekt, der in dem MOTTschen Modell global durch eine Konfigurationskoordinate beschrieben wurde, die je nach Elektronenzustand bei R_1 bzw. R_2 ihre „Ruhelage" hatte. Die einzelnen Verschiebungen der „Ruhelagen" der Gitteratome können wir nun nach den Gitternormalschwingungen entwickeln. Wir erhalten im Ergebnis schließlich Gitterschwingungen um neue Ruhelagen, die um einen Betrag von jeweils Δ_{qi} verschoben sind. Dann sind aber die Eigenfunktionen, die die Gitterschwingungen beschreiben, nicht mehr unabhängig vom Elektronenzustand $|\alpha\rangle$. Im einfachsten Fall, wenn es nur die beschriebene Nullpunktverschiebung gibt, wäre dann etwa

$$|N_{qi}^{\alpha}\rangle = \varphi_{N_{qi}}\,(b_{qi} - \Delta_{qi}^{\alpha})\,, \tag{5.46}$$

wobei $\varphi_{N_{qi}}$ die Eigenfunktionen des harmonischen Oszillators darstellen. In den Matrixelementen, die den Elektronenübergang $\alpha \to \alpha'$ beschreiben, würden dann nicht mehr Eigenfunktionen der gleichen, sondern unterschiedlicher harmonischer Oszillatoren auftreten, die nicht mehr zueinander orthogonal sind und für die nicht mehr die Beziehungen (5.43) gelten. Hier werden Vielquantenprozesse auch in nullter Näherung möglich. Es gibt dann zum Beispiel Matrixelemente der Form

$$\prod_{q'i' \neq qi}^{m} \langle N_{q'i}^{\alpha'} + 1 \mid N_{q'i'}^{\alpha} \rangle \cdot \langle N_{qi}^{\alpha'} + 1 \mid b_{qi} \mid N_{qi}^{\alpha} \rangle = M\,, \tag{5.47}$$

die, wenn das Produkt über $m+1$ Faktoren läuft, einem $(m+1)$-Quantenprozeß entsprechen würden. Dann wäre $M \sim \prod_{q'i' \neq qi}^{m} |\Delta_{q'i'}| \sqrt{N_{qi}}$, also von $(m-1)$-ter

Ordnung in den Δ_{qi}, und die Energieerhaltung würde verlangen

$$E_{\alpha'} - E_{\alpha} = \sum_{q'i' \neq qi}^{m} \hbar\omega_{q'i'} + \hbar\omega_{qi} . \tag{5.48}$$

Wir sehen, daß auch hier mit der Anzahl der beteiligten Quanten die Ordnung des Störgliedes entsprechend zunimmt. Man muß aber zugleich sehen, daß die Anzahl der möglichen Zustände, in die ein Übergang erfolgen kann, entsprechend potenziert gemäß den Regeln der Kombinatorik zunimmt. Eine Übersicht, ob dieser Effekt eine hinreichende Wahrscheinlichkeit ergibt, kann darum nur eine etwas genauere quantitative Betrachtung ergeben. Die Berechnung der Δ_{qi}^{α} ist für polare Halbleiterkristalle verhältnismäßig einfach. Sie wurde bereits in Zusammenhang mit der Polaronenvorstellung durchgeführt. Eine gut übersichtliche halbklassische Berechnung, die aber das wesentliche zeigt, findet sich zum Beispiel in dem klassischen Buch von PEKAR [69] zur Polaronentheorie. Bei diesem Modell ist es zulässig, alle ω_{qi} einer einzigen optischen Gitterschwingungsfrequenz ω_0 gleichzusetzen, und auch der Wechselwirkungsterm ist explizit angebbar. Unter diesen Bedingungen kann dann die strahlungslose Rekombination quantitativ berechnet werden, das geschah, wie bereits erwähnt, in [68]. Es wurde gefunden, daß das Verhältnis $\varkappa$ zwischen der strahlungslosen und der strahlenden Rekombination an Störstellen entscheidend von drei Größen abhängig ist: von der Deformationsenergie s_i der Störstelle bei Einfang eines Elektrons (sozusagen ein kollektives Maß für die Δ_{qi}^{α}), von der Phononenenergie $\hbar\omega_0 = E_i$ und von dem energetischen Abstand des Terms vom Bandrand $E_L - E_i$, in dem der Einfang erfolgt. Abbildung 5.8 zeigt Ergebnisse, die PÄSSLER für CdS erhielt [68]. Leider liegen noch keine ausführlicheren Vergleiche mit dem Experiment vor, so daß zur Tragfähigkeit dieses theoretischen Vorgehens noch wenig gesagt werden kann.

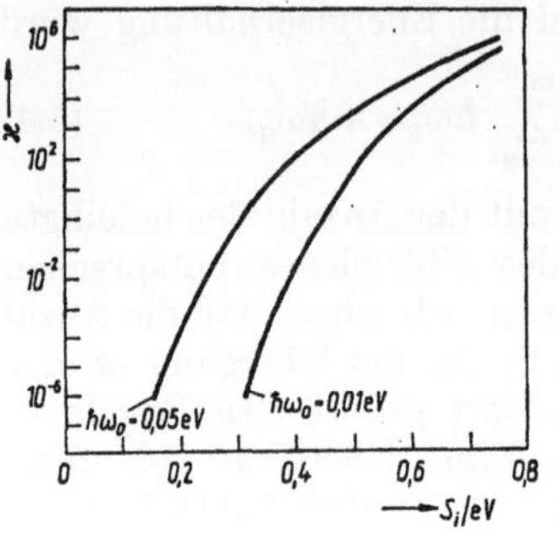

Abb. 5.8. Das Verhältnis $\varkappa$ der Wahrscheinlichkeit für strahlungslose zu der für strahlende Übergänge als Funktion der Deformationsenergie der Störstelle bei Elektroneneinfang S_i für einen Term in der Mitte der verbotenen Zone bei CdS. Der Parameter $\hbar\omega_0$ gibt die angenommene Energie der optischen Phononen an [68]

Wenn man den strahlungslosen Einfang von Elektronen in Störstellen untersucht, so muß man auch die Kaskadenprozesse in Betracht ziehen. Unter Kaskadenprozessen verstehen wir den Einfang von Elektronen in solche Störstellen, die eine ganze Stufenfolge von Termen in ihrem elektronischen Energiespektrum besitzen. Sind diese Terme dicht genug, so kann ein Übergang aus dem höheren Term in den nächst tieferen Term strahlungslos durch Emission eines entsprechenden Phonons erfolgen. Die theoretische Behandlung derartiger Kaskadenprozesse ist daher weit weniger problematisch als die der eben beschriebenen Mehrphononen-Einfangprozesse. Leider steht andererseits in vielen Fällen fest, daß besonders bei tiefen Störstellen ein solches relativ dichtes Spektrum von angeregten Zuständen, wie es für die Kaskadenprozesse nötig wäre, offensichtlich nicht vorliegt. Für den Einfang in flache wasserstoffähnliche Störstellen bei tiefen Temperaturen kann dieser Prozeß jedoch durchaus der wesentliche sein, so zum Beispiel für Sb-Donatoren in Germanium, der von vielen Autoren behandelt worden ist ([70] bis [73]). Abbildung 5.9 gibt einen Vergleich zwischen den unterschiedlichen theoretischen Ergebnissen der Autoren und experimentellen Ergebnissen [57]. Die Größenordnung der Einfangquerschnitte $10^{-12} \ldots 10^{-11}$ cm^2 wird gut verständlich, wenn wir

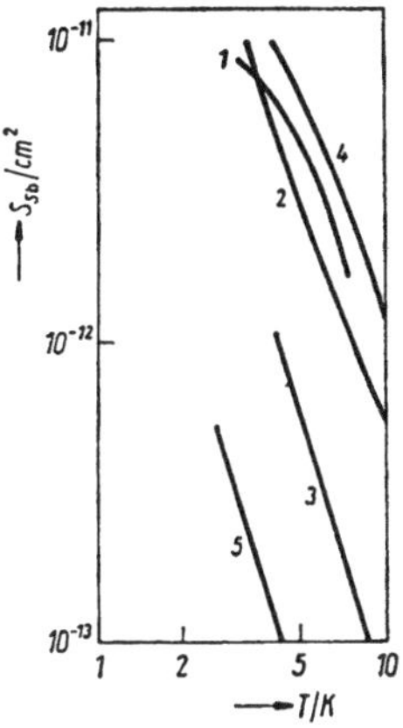

Abb. 5.9.
Vergleich der experimentellen Ergebnisse (1) nach [74] für den Einfangquerschnitt von Sb-Donatoren in Germanium für Leitungsbandelektronen mit theoretischen Ergebnissen verschiedener Autoren (2 nach [70], 3 nach [71], 4 nach [72], 5 nach [73]) [57]

beachten, daß die BOHRschen Bahnradien flacher Störstellen in Halbleitern $4\pi\varepsilon_0\varepsilon_r\hbar^2/m^*e^2$ Werte von 100 Å $= 10^{-6}$ cm durchaus annehmen (entsprechend $\varepsilon_r = 16$, $m^* = 0{,}1\, m_0$). Die starke Temperaturabhängigkeit ergibt sich daraus, daß das Verhältnis der Wahrscheinlichkeiten für die Emission und die Absorption von Phononen durch die Störstelle proportional $(N_{qi} + 1)/N_{qi}$ und damit stark temperaturabhängig ist. Für höhere Temperaturen wird die Reemission den Einfangprozeß uneffektiv machen.

Bei Zentren mit zunächst abstoßendem Wechselwirkungspotential $V(r)$ ist ebenfalls ein Einfang möglich (Abb. 5.10). Hier wird der Einfangquerschnitt stark

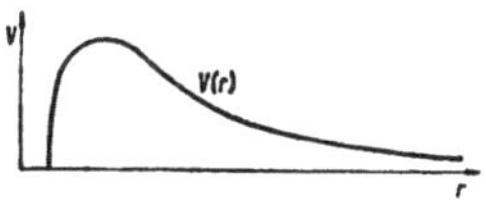

Abb. 5.10.

energieabhängig sein und mit der Energie zunehmen. Auf diesen Effekt wurde erstmals besonders von KAŠNIKOV und BONČ-BRUEVIČ hingewiesen. Er kann Anlaß zu einer negativen differentiellen Photoleitfähigkeit und Strominstabilitäten analog zum Gunn-Effekt, allerdings in wesentlich niedrigeren Frequenzbereichen, sein [75, 76].

5.4. *Zum Vergleich der Rekombinationsmechanismen*

Aus den durchgeführten Überlegungen folgt, daß die strahlende Rekombination und die Auger-Rekombination nur unter speziellen Bedingungen die vorherrschenden Rekombinationsmechanismen sein können. Insbesondere bei geringen Abweichungen der Trägerkonzentrationen vom Gleichgewichtswert im Bereich niedriger Dotierungen (Nichtentartung), die in der Halbleiterphysik und -technik eine große Rolle spielen, scheiden diese Mechanismen weitgehend aus. Hier muß also die direkte Wechselwirkung mit den thermischen Gitterschwingungen der entscheidende Prozeß sein, und hier spielen, wie wir ebenfalls sahen, die Störstellen eine entscheidende Rolle. So gesehen, unterstreichen die heute theoretisch möglichen Aussagen die Zweckmäßigkeit und die Richtigkeit des von Shockley und Read gegebenen Ansatzes zur phänomenologischen Behandlung der Rekombination, den wir in Abschnitt 2.2.3. dargestellt haben.

6. Photoeffekte bei Änderung der Verteilungsfunktion

Wir haben in Abschnitt 1.2. gesehen, daß die Nichtgleichgewichtsträger, lange bevor sie rekombinieren, ihre überschüssige Anregungsenergie verlieren und daß darum ihre mittlere Energie und Verteilungsfunktion unter üblichen Anregungsbedingungen dem Gleichgewichtszustand entsprechen. Als Ursache hierfür wurde aufgezeigt, daß die Energie- beziehungsweise Impulsrelaxationszeiten mit einer typischen Größenordnung von 10^{-12} s um viele Zehnerpotenzen kleiner sind als die typischen Trägerlebensdauerwerte, die je nach Halbleitermaterial im Bereich von 10^{-3} bis 10^{-9} s liegen. Dennoch bestehen natürlich in der Verteilungsfunktion der Nichtgleichgewichtsträger in Abhängigkeit von der Art und Weise ihrer Erzeugung und der Intensität der Wechselwirkungen der Nichtgleichgewichtsträger untereinander und mit dem Gitter Abweichungen von der Gleichgewichtsverteilung. Unter bestimmten Voraussetzungen sind diese Abweichungen elektrisch nachweisbar und damit Ursache von, wenn auch sehr kleinen, Photoeffekten. Der elektrische Nachweis kann dabei wegen der Abhängigkeit der Impulsrelaxationszeit τ_i beziehungsweise der mittleren freien Flugzeit der Träger von der Energie E (gemessen vom Bandrand an) über die Transporteffekte erfolgen. Um diese Effekte verstehen zu können, brauchen wir also Aussagen über die Energierelaxationsprozesse beziehungsweise die Energierelaxationszeit $\tau_E(E)$ für die Nichtgleichgewichtsträger und über die Impulsrelaxationszeit $\tau_i(E)$ im Bereich von Energien $E \gg kT$. Damit finden wir eine Verbindung zwischen der Photoleitfähigkeit und der Physik heißer Ladungsträger (zu letzterer siehe z. B. [78 bis 80]). Ist die Verteilungsfunktion der Nichtgleichgewichtsträger wegen der Art und Weise der Anregung im Quasiimpulsraum nicht symmetrisch, so äußert sich diese Abweichung vom Gleichgewicht sogar durch eine Photo-EMK und ist damit besonders gut nachzuweisen. Wir haben im letztgenannten Fall allerdings zu unterscheiden zwischen Unsymmetrien der Impulsverteilungsfunktion, die direkt durch den Anregungsprozeß entstehen, und solchen, die sich erst mittelbar aus einer Ortsabhängigkeit der Anregung über Transportprozesse bilden. Im folgenden, wenn wir die Photoeffekte einer geänderten Verteilungsfunktion näher betrachten, wollen wir die Phänomene nach diesen Gesichtspunkten gliedern.

6.1. Photoeffekte der veränderten Energieverteilung

Der einfachste Weg, eine veränderte Energieverteilung halbquantitativ zu behandeln, besteht in einem die wirklichen Verhältnisse stark vereinfachenden Modell, das nur „thermische" und „heiße" Ladungsträger unterscheidet und entsprechend mit zwei Konzentrationen n_t, n_h, zwei Beweglichkeiten μ_t, μ_h usw. arbeitet. Die Thermalisierung wird dann als ein Übergang aus dem Zustand mit dem Index t in den Zustand mit dem Index h durch eine Zeitkonstante $\tau_{h\to t}$ beschrieben. Man erkennt sofort, wie dieses Modell an den Modellvorstellungen der Photoleitung orientiert ist. Dieses Modell ist geeignet, sich eine gewisse Übersicht über die zu erwartenden Photoeffekte und ihre Größenordnung zu verschaffen.

(1) Auf die Möglichkeit einer sogenannten μ-Photoleitung oder Beweglichkeitsphotoleitung wurde erstmals von Moss [81] hingewiesen. Erfolgt durch eine optische Anregung g durch entsprechende Strahlung des infraroten Spektralbereiches ständig eine Erzeugung heißer Ladungsträger auf Kosten der thermischen Ladungsträger, so können wir eine Bilanzgleichung aufstellen

$$\frac{\mathrm{d}n_h}{\mathrm{d}t} = -\frac{\mathrm{d}n_t}{\mathrm{d}t} = -\frac{n_h}{\tau_{h\to t}} + g\,. \tag{6.1}$$

Mit $n_t(0) = n$, $n_h(0) = 0$ stellt sich eine stationäre Konzentration heißer Elektronen $n_h(\infty) = g\tau_{h\to t}$ ein, $n_t(\infty) = n - n_h(\infty)$. Ist $\mu_t \neq \mu_h$, was wegen der Energieabhängigkeit der Impulsrelaxation im allgemeinen natürlich zu erwarten ist, ergibt sich hierdurch eine Leitfähigkeitsänderung $\Delta\sigma_\mu$, die μ-Photoleitung

$$\Delta\sigma_\mu = eg\tau_{h\to t}\,(\mu_h - \mu_t)\,. \tag{6.2}$$

Wegen der in (6.2) auftretenden Beweglichkeitsdifferenzen kann $\Delta\sigma_\mu$ positiv oder negativ sein. Der Effekt ist wegen der Kleinheit von $\tau_{h\to t}$, auch hier muß man mit der Größenordnung 10^{-12} s rechnen, sehr klein und im stationären Fall nicht nachweisbar. Ist $g = S_n n \times \times Q$ (S_n ist der Absorptionsquerschnitt und Q der einfallende Quantenfluß), so erhalten wir für einen n-Leiter

$$\frac{\Delta\sigma_\mu}{\sigma} = \frac{g}{n} \tau_{h\to l} \left(\frac{\mu_h}{\mu_l} - 1\right) = S_n Q \tau_{h\to l} \left(\frac{\mu_h}{\mu_l} - 1\right). \quad (6.3)$$

Zur Abschätzung nehmen wir an, daß $S_n \approx 10^{-16}\,\text{cm}^2$ (typische Werte siehe z. B. [82]) und $Q = 6 \cdot 10^{24}$ Quanten/cm^2 s ($\hat{=}$ 100 kW/cm^2 bei $\lambda = 10\,\mu$m), und erhalten $\Delta\sigma_\mu/\sigma \approx 10^{-4}$, wenn die Klammer in (6.3) die Größenordnung 1 hat. Eine solche Leitfähigkeitsänderung dürfte neben anderen Effekten, wie Erwärmung durch die Bestrahlungsenergie, kaum abtrennbar sein. Zum Nachweis der μ-Photoleitung kann man sich aber ihre Schnelligkeit auf Grund der kleinen Zeitkonstanten $\tau_{h\to l}$ zunutze machen, indem man die Leitfähigkeitsänderungen im Nanosekundenimpulsbetrieb beobachtet. Eventuelle Störeffekte sind dann viel zu träge, um die Messungen zu stören (mit Ausnahme der für Halbleiter theoretisch noch recht unklaren optischen Gleichrichtung). Entsprechende Untersuchungen wurden zum Beispiel an Tellur durchgeführt [83]. Man könnte erwarten, daß der spezifischen Valenzbandstruktur des Tellurs mit seinem um 122 meV unter dem H_4-Band der schweren Löcher liegenden, durch Spin–Bahn-Wechselwirkung abgespaltenen H_5-Band der leichten Löcher das verwendete Zweibandmodell besonders angemessen ist. Die genauere Untersuchung zeigt jedoch [84], daß eine solche Betrachtung nicht ausreichend ist, um das gefundene Vorzeichen der schnellen Leitfähigkeitsänderung zu erklären. Vielmehr ist eine genauere Betrachtung der Verteilungsfunktion der heißen Träger erforderlich. Eine solche genauere Betrachtung führt auf eine Verteilungsfunktion, der nach hohen Energien hin ein sägezahnförmiger Ausläufer mit einem „Zahnabstand" $\hbar\omega_l$, der Energie der optischen Phononen, überlagert ist (siehe Abb. 6.1), wie wir im folgenden noch sehen werden.

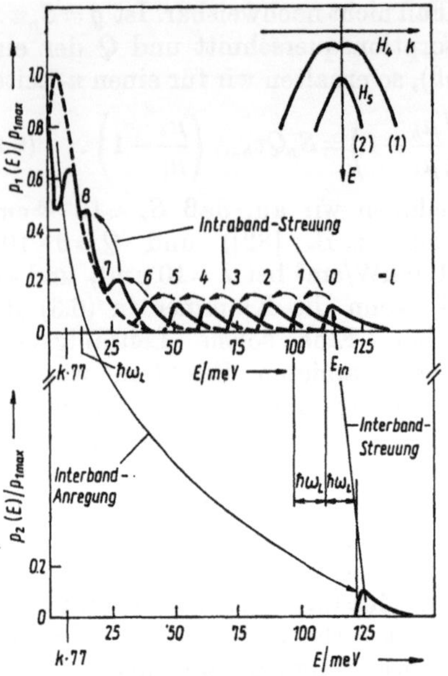

Abb. 6.1. Verteilungsfunktion der schweren (Band H_4) und der leichten Löcher (Band H_5) bei ständiger Anregung leichter (heißer) Löcher in das Band H_5 durch Absorption von Infrarotstrahlung mit $\hbar\omega = 117$ meV (CO_2-Laser) in Tellur [84]. $\hbar\omega_0 = 12{,}3$ meV (LO-Phononen)

(2) Abbildung 6.1 läßt uns zugleich einen anderen Effekt heißer Elektronen erwarten, die sogenannte oszillatorische Photoleitung. Regen wir einen Halbleiter mit Licht $\hbar\omega > E_g$ an, so wird sich in Abhängigkeit von $\hbar\omega - E_g$ ebenfalls die in Abbildung 6.1 gezeigte Verteilungsfunktion ausbilden; diese Verteilungsfunktion wird umso ausgeprägter sein, je tiefer die Temperatur ist. Die Ursache für diese sägezahnförmige Verteilungsfunktion besteht darin, daß der effektivste Energieabgabeprozeß heißer Träger die spontane Emission von longitudinalen optischen (LO-)Phononen ist (natürlich, sofern es sich um einen Halbleiter mit mindestens zweiatomiger Basis handelt, das ist aber in den meisten

praktisch interessierenden Fällen zutreffend). Ist nun $\hbar\omega - E_g$ ein ganzzahliges Vielfaches von $\hbar\omega_l$, so können die optisch angeregten heißen Träger schnell ihre gesamte überschüssige Energie über kT verlieren, nicht dagegen, wenn $\hbar\omega_l > \hbar\omega - E_g - n\hbar\omega_l \gg kT$, das heißt, wenn eine merklich größere Restenergie nach Emission des letzten LO-Phonons verbleibt. Die unterschiedlichen Verteilungsfunktionen, die auf diese Weise im Bereich $0 < E < \hbar\omega_l$, der natürlich die Masse der Träger enthält, entstehen, sind, etwa wegen einer Energieabhängigkeit der Beweglichkeit oder auch der Rekombination, dann Ursache für eine von der Quantenenergie des eingestrahlten Lichtes periodisch abhängige Photoleitung. Dieser Effekt wurde zum Beispiel an InAs [85] untersucht, ein typisches Meßergebnis zeigt Abbildung 6.2. Bei einer genaueren

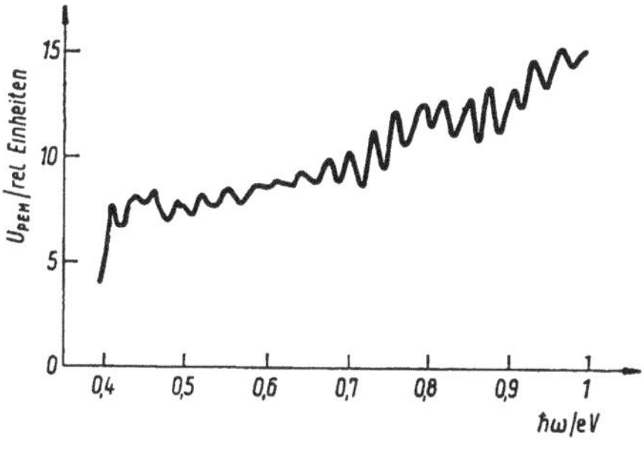

Abb. 6.2. Oszillatorischer PEM-Effekt in InAs [85]

Betrachtung ist zu beachten, daß die Anregung nicht von der Bandkante erfolgt, sondern entsprechend der Erhaltung des Quasiimpulses aus dem Inneren des Valenzbandes.

Ein mit (1) und (2) verwandter Effekt ist die „Kühlung von Trägern in Halbleitern durch Licht“, die in [86] beschrieben wird (Abb. 6.3). Bei Einstrahlung von Licht der 9,54-μm-Linie ($\hbar\omega = 130$ meV) eines

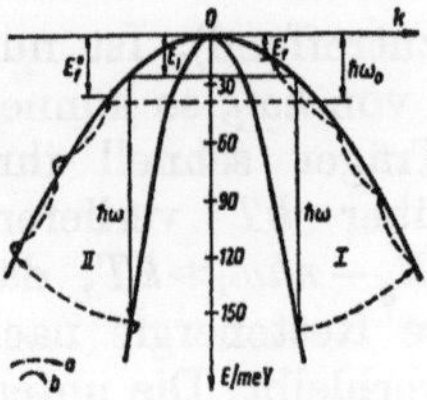

Abb. 6.3. Zur „Kühlung" von Ladungsträgern durch Licht: Optische Intrabandanregung leichter Löcher in p-Germanium bei $\hbar\omega = 130$ meV und ihre Energierelaxation. I: geringe Löcherdichte, II: hohe Löcherdichte. a) Übergänge mit Emission optischer Phononen ($\hbar\omega_0 = 37$ meV); b) Übergänge durch Elektron–Elektron-Wechselwirkung (Stöße)

gütegeschalteten CO_2-Impulslasers in p-Ge geringer Dotierung liegt die Energie der Löcher nach Emission von drei optischen Phononen unter der anfänglichen Energie der angeregten Löcher, und wir erhalten eine positive μ-Photoleitung (Abb. 6.4). Mit zunehmender

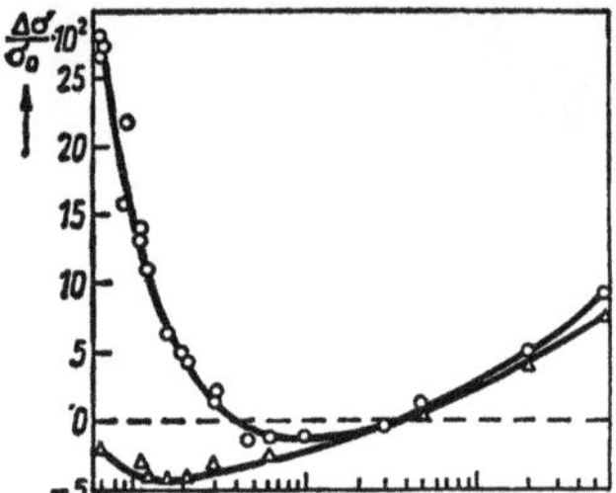

Abb. 6.4. μ-Photoleitung in p-Germanium in Abhängigkeit von der Dotierungskonzentration bei 77,3 K.
○: $\lambda = 9{,}54\ \mu m$, Δ: $\lambda = 10{,}6\ \mu m$, $I = 10^{22}$ Quanten/cm²s

Löcherdichte ist wegen der Energieverluste durch Elektron–Elektron-Wechselwirkung nur noch die Emission von zwei Phononen möglich, die Endenergie liegt dann über der Anfangsenergie, wir erhalten eine negative μ-Photoleitung (Abb. 6.4). Bei weiterer Erhöhung der

Löcherdichte nimmt die Verunreinigungsstreuung zu. Damit ändert sich die Richtung der Energieabhängigkeit der Impulsrelaxationszeit τ_{imp}. Wir erhalten wieder eine positive μ-Photoleitung (Abb. 6.4). Bei der 10,6-μm-Linie ($\hbar\omega = 117$ meV) haben wir in keinem Fall eine Kühlung und daher nur einen einfachen Vorzeichenwechsel der μ-Photoleitung, nämlich da, wo sich der Charakter der Energieabhängigkeit von τ_{imp} ändert (Abb. 6.4). Dieser Effekt zeigt besonders klar den engen physikalischen Zusammenhang zwischen den Erscheinungen der μ-Photoleitung und der oszillatorischen Photoleitung.

(3) Analog zu einer μ-Photoleitung heißer Träger kann es im Magnetfeld auch einen photoelektromagnetischen (PEM-)Effekt heißer Träger geben. Auth [87] beschrieb mit dem gleichen, unabhängig von Moss entwickelten Zweibandmodell diesen Effekt erstmals für den Fall der Band–Band-Anregung. Die Nichtgleichgewichtsträger werden, wenn $\hbar\omega > E_g$, als heiße Träger in Oberflächennähe erzeugt und diffundieren ins Innere. Aus Neutralitätsgründen fließen entsprechend thermische Träger aus dem Inneren an die Oberfläche. Haben die thermischen Träger eine größere Beweglichkeit als die heißen Träger und ist der übliche PEM-Effekt wegen sehr kleiner Lebensdauern der Minoritätsträger hinreichend klein, so gibt das Anlaß zu einem PEM-Effekt mit anomalem Vorzeichen. Später wurde dieser Effekt auch für den Fall der Intraband (= Intersubband)-Anregung insbesondere für p-Germanium [30] und für Tellur [88] untersucht und nachgewiesen, hier entfällt dann die Forderung nach Kleinheit des üblichen PEM-Effektes. In den Fällen, in denen sich die Energieverteilung der Nichtgleichgewichtsträger als eine Maxwell-Verteilung mit einer von der Gittertemperatur verschiedenen Elektronentemperatur darstellen läßt, kann der PEM-Effekt heißer Ladungsträger als Nernst-Ettingshausen-Effekt infolge von Gradienten der Elektronentemperatur

verstanden werden. Wesentliche Beiträge zur Theorie der Photoeffekte heißer Ladungsträger sind von Wissenschaftlern des A.-F.-Joffe-Instituts in Leningrad geleistet worden (siehe z. B. [89 bis 91]). In diesen Arbeiten wurde insbesondere der Fall diskutiert, daß sich das Verhalten der Ladungsträger am Bandrand in Elektronentemperaturnäherung beschreiben läßt.

(4) Schließlich ist der Dember-Effekt heißer Träger zu beachten, den man auch als eine Thermokraft der heißen Träger auffassen kann. Er wird besonders im Übergangsgebiet zwischen Infrarottechnik und Mikrowellentechnik zum Strahlungsnachweis angewendet. Die unter (3) und (4) genannten Effekte führen auf elektromotorische Kräfte, sie entstehen aber mittelbar aus Abweichungen der Energieverteilung von der Gleichgewichtsverteilung und räumlichen Gradienten in der Verteilungsfunktion.

6.2. Photon-Drag-Effekt

(1) Wir haben weiter oben gesehen, daß für optische Übergänge die Erhaltung des Quasiimpulses beziehungsweise des Wellenvektors gilt. Unter Beachtung, daß auch die Lichtquanten einen Quasiimpuls besitzen und mit einem Wellenvektor $\boldsymbol{\varkappa}$ beschrieben werden, gilt für jeden optischen Anregungsprozeß $\boldsymbol{\varkappa}$

$$\boldsymbol{k}' = \boldsymbol{k} + \boldsymbol{\varkappa} . \tag{6.4}$$

Hierbei sind $\boldsymbol{k}$ und $\boldsymbol{k}'$ die Wellenvektoren des Elektrons vor und nach dem Anregungsprozeß, $\boldsymbol{\varkappa}$ der des absorbierten Lichtquants. Das bedeutet, daß die Elektronen bei Absorption von Licht ständig im $\boldsymbol{k}$-Raum in $\boldsymbol{\varkappa}$-Richtung eine Verschiebung erfahren. Damit entsteht unmittelbar eine Unsymmetrie in der Verteilungsfunktion im $\boldsymbol{k}$-Raum. Anschaulich ausgedrückt bedeutet das, daß die Elektronengesamtheit ständig einen Impuls aus dem absorbierten Licht aufnimmt und entsprechend der Impulsrelaxation an die Phononen abgibt. Es handelt sich hierbei, klassisch betrachtet, um die Wirkung des Lichtdrucks auf das Elektronengas. Diese Erscheinung wurde erstmals von DEMBER 1931 [92] bei der Untersuchung des nach ihm benannten Effekts erwähnt, war aber wohl mit den damaligen experimentellen Mitteln nicht nachweisbar.

So wie der Strahlungsdruck des Lichtes klassisch in der MAXWELLschen Theorie als Kraftwirkung des Magnetfeldes der Strahlung auf die induzierten Ströme im Festkörper verstanden werden kann und darum dem Vektorprodukt $\boldsymbol{F} \times \boldsymbol{B}$, also dem POYNTING-Vektor proportional sein muß, kann man im Halbleiter die Wirkung des Strahlungsdrucks auf die quasifrei beweglichen Elektronen und Löcher als einen HALL-Effekt der im elektrischen Feld der Strahlung schwingenden Träger im Magnetfeld der Strahlung auffassen [93, 94]. Daraus erkennen wir sofort, daß Elektronen und Löcher zu einander entgegengesetzten Photon-Drag-Strömen führen müssen. Da die Elektronen in einem Festkörper in den verschiedenen Leitungsbändern unterschiedliche effektive Massen haben, ist durch den Erhaltungssatz für den Wellenvektor beziehungsweise den Quasiimpuls (6.4) die Erhaltung des Gesamtimpulses des Gesamtsystems Elektronen und Lichtquanten nicht für den einzelnen Elementarakt der Absorption eines Lichtquants gesichert. Erst die statistische Behandlung für das Ensemble der Elektronen bringt die Impulserhaltung. Vernachlässigen wir in (6.4) in nullter Näherung $\varkappa$, so ändert sich der Erwartungswert des Impulses des Systems Elektronen plus Lichtquanten bei *einem* Absorptionsakt, der zur Anregung eines Elektrons aus dem Zustand $|\mathrm{V}\boldsymbol{k}\rangle$ in den Zustand $|\mathrm{L}\boldsymbol{k}\rangle$ führt, um $\hbar\boldsymbol{k}\left(\frac{m_0}{m_\mathrm{L}^*} - \frac{m_0}{m_\mathrm{V}^*}\right)$. Erst die statistische Behandlung, die beachtet, daß natürlich mit gleicher Wahrscheinlichkeit auch Elektronen des Quasiimpulses $-\boldsymbol{k}$ bei diesem Prozeß angeregt werden, ergibt die vollständige Beschreibung der Realität. Bei dem von $-\boldsymbol{k}$ ausgehenden Anregungsprozeß ist dann die Impulsänderung nämlich $-\hbar\boldsymbol{k}\left(\frac{m_0}{m_L^*}-\frac{m_0}{m_V^*}\right)$, insgesamt erhalten wir also bei Beachtung der Prozesse mit $-\boldsymbol{k}$ und mit $+\boldsymbol{k}$ die Impulsänderung Null, wie es das bei Vernachlässigung des Lichtquantenimpulses sein muß.

Entsprechend müssen wir dann auch bei der Behandlung des Photon-Drag vorgehen. Hier wird, wenn wir $\boldsymbol{\varkappa}$ in (6.4) beachten, sich eine kleine Unsymmetrie zwischen $\boldsymbol{k}$ und $-\boldsymbol{k}$ ergeben, das heißt ein kleiner Unterschied in der Häufigkeit der Absorptionsprozesse aus der Umgebung von $\boldsymbol{k}$ und aus der von $-\boldsymbol{k}$. Dieser sorgt dann gerade dafür, daß das Elektronenensemble soviel Impuls aufnimmt, wie die Gesamtheit der Lichtquanten verliert. Diese Betrachtungsweise eignet sich besonders für die Behandlung des Photon-Drag an p-Halbleitern mit mehreren Subvalenzbändern, bei denen die Ladungsträgerabsorption als Übergänge zwischen diesen Subvalenzbändern behandelt werden können. Gute Beispiele dafür sind p-Ge oder auch Te.

(2) Eine gründliche Untersuchung des Photon-Drag an p-Ge erfolgte erstmals durch Valov u. a. [95] sowie durch Grinberg [96] und Imamov [97]. Die quantitative Berechnung des Photon-Drag-Stroms erfolgt mit dem Formalismus der Boltzmann-Gleichung. Für p-Halbleiter wie Germanium oder Tellur hat man ein System von zwei gekoppelten Boltzmann-Gleichungen für die Verteilungsfunktionen der schweren und leichten Löcher zu lösen. Mit den Verteilungsfunktionen lassen sich nach (1.26) die Teilströme der leichten und schweren Löcher bestimmen. Der antisymmetrische Anteil der Verteilungsfunktion $f_{as}(\boldsymbol{k})$, der zum Photon-Drag-Strom führt, entsteht durch die Asymmetrie der optischen Übergänge im $\boldsymbol{k}$-Raum, die für p-Germanium in Abbildung 6.5 dargestellt sind. Diese Unsymmetrie der eingezeichneten Übergänge ist eine Folge der Erhaltung des Quasiimpulses $\boldsymbol{k}$ unter Beachtung des Impulses

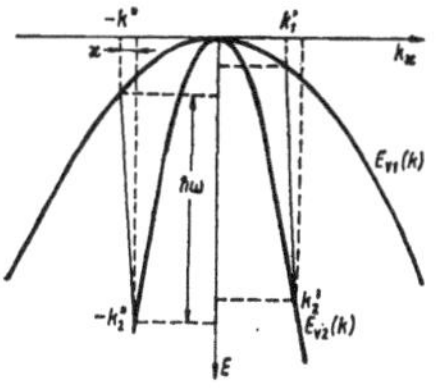

Abb. 6.5.
Infrarotabsorption in p-Germanium durch Übergänge aus dem Band der schweren (V_1) in das Band der leichten Löcher (V_2). Die Abszisse ist die Komponente des $\boldsymbol{k}$-Vektors in der Richtung von $\varkappa$

der Photonen $\boldsymbol{\varkappa}$. Bei der Berechnung des in $\boldsymbol{k}$ antisymmetrischen Anteils des Generationsterms $\left(\frac{\partial f_{as}}{\partial t}\right)_{\text{gen}}$ muß $\boldsymbol{\varkappa}$ nicht nur bei der Bestimmung der Anfangs- und Endzustände $\boldsymbol{k}$, $\boldsymbol{k}'$ der optischen Übergänge, sondern auch im Matrixelement berücksichtigt werden, dabei beschränkt man sich auf lineare Terme in $\boldsymbol{\varkappa}$. Die BOLTZMANN-Gleichung wird dann in Relaxationszeitnäherung

$$\left(\frac{\partial f_{as}^{(i)}(\boldsymbol{k})}{\partial t}\right)_{\text{gen}} - \frac{f_{as}^{(i)}(\boldsymbol{k})}{\tau^{(i)}(\boldsymbol{k})} = 0 \quad i = 1, 2 \tag{6.5}$$

gelöst, der Einfluß der Lichtabsorption auf die Energieverteilung der Ladungsträger (d. h. die μ-Photoleitfähigkeit) wird vernachlässigt. VALOV und Mitarbeiter [95, 97] haben den Photon-Drag-Effekt für p-Germanium unter Annahme von akustischer und optischer Deformationspotentialstreuung analysiert und eine gute Übereinstimmung mit den von ihnen gemessenen Kurven bezüglich des Temperaturverlaufs und der absoluten Größenordnung des Effekts erhalten. Abbildung 6.6

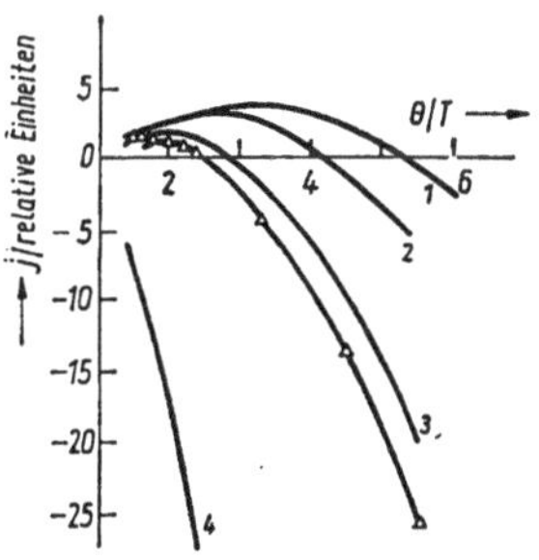

Abb. 6.6.
Vergleich von berechneten Kurven (1 bis 4) für die Temperaturabhängigkeit des Photon-Drag-Stromes $j_{\text{Ph-D}}$ mit experimentellen Ergebnissen an p-Germanium. Für die Kurven 1 bis 4 wurden die m_2-Werte 0,0406 m_0 (1), 0,056 m_0 (2), 0,079 m_0 (3), 0,08 m_0 (4) angenommen [95]

gibt einen Vergleich zwischen den berechneten und den gemessenen Werten [95]. Bei den Messungen muß man besonders beachten, daß andere bei hohen Anregungsdichten auftretende Effekte nicht die Messungen verfälschen. Darum werden Probenformen, wie in Abbildung 6.7 gezeigt, verwendet. Die Beleuchtung bei A

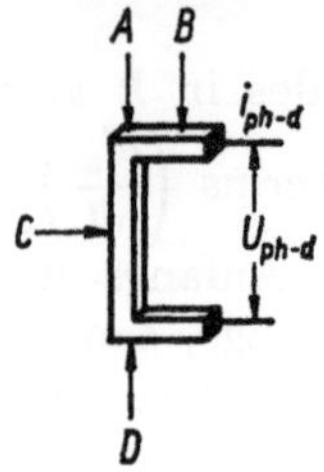

Abb. 6.7.
Probenform zur experimentellen Absicherung des Photon-Drag-Effekts

und D gibt den zu messenden Effekt, jeweils mit einander entgegengesetzten Vorzeichen. Beleuchtung bei C und B dient der Kontrolle, hier dürfen keine Spannungen auftreten.

(3) In p-Tellur erfolgen die für den Photon-Drag verantwortlichen optischen Übergänge zwischen den Valenzbandzweigen H_4 und H_5, die im Unterschied zu p-Germanium im Maximum nicht entartet sind (Abb. 6.1). Der Bandabstand entspricht recht genau der Quantenenergie des CO_2-Lasers. Ungeachtet der komplizierteren Bandstruktur des Tellurs kann man für den Fall $\hbar\omega = \Delta E$ unter der Annahme, daß die effektiven Massen in Richtung $\boldsymbol{k} \| \boldsymbol{\varkappa}$ in beiden Bändern gleich sind, eine sehr einfache Lösung der Boltzmann-Gleichung (6.5) angeben; diese führt auf Photon-Drag-Ströme, die sich in befriedigender Übereinstimmung mit den experimentellen Ergebnissen befinden [98]. Genzow und Normantas [99] haben analog zu dem unter (2) skizzierten Vorgehen den Photon-Drag-Strom in Tellur für eine realistischere Modellbandstruktur berechnet.

(4) Wenn wir den Photon-Drag in n-Ge betrachten wollen, müssen wir beachten, daß bereits der „Elemen-

tarprozeß" der Anregung ein komplexer Prozeß ist: Hier ist für die Infrarotabsorption eine Intersubbandanregung nicht möglich, weil es geeignet liegende Subleitfähigkeitsbänder nicht gibt. Verbleibt aber das Elektron im gleichen Band $E_L(\boldsymbol{k})$, so können Energie- und Quasiimpulserhaltung nur durch die Mitwirkung weiterer Teilchen, in erster Linie der Phononen, gewährleistet werden. Das bedeutet aber, daß von Anfang an ein Teil des Impulses der Lichtquanten auf die Phononen und nicht auf die Elektronen übergeht. Um auch für diesen Fall einen überschaubaren Zugang zu finden und um zugleich zu größenordnungsmäßig richtigen Aussagen über die zu erwartenden absoluten Werte für Photon-Drag-Strom $i_{\text{Ph-D}}$ und Photon-Drag-Spannung $U_{\text{Ph-D}}$ zu kommen, wollen wir nun eine einfachere semiempirische, an die übliche Leitfähigkeitstheorie anschließende Behandlung vornehmen [100, 101]. Absorbiert ein Träger pro Zeiteinheit den Impuls $\frac{\mathrm{d}I}{\mathrm{d}t}$, so entspricht das einer Kraft $K = \frac{\mathrm{d}I}{\mathrm{d}t}$, die auf ihn wirkt. Wirkt auf ein Elektron bzw. ein Loch jedoch die Kraft K_n bzw. K_p, so ergibt sich daraus ein Strombeitrag Δi_n bzw. Δi_p mit

$$\Delta i_n = -\mu_n K_n \quad \text{bzw.} \quad \Delta i_p = +\mu_p K_p \,. \tag{6.6}$$

Sind die Absorptionsquerschnitte für Elektronen und Löcher S_n und S_p und gibt γ_n bzw. γ_p den jeweils von den Trägern beim Absorptionsakt übernommenen Bruchteil des Impulses eines Lichtquants an, so erhalten wir für eine Einstrahlung von Q Quanten pro Flächen- und Zeiteinheit in der Tiefe x unter der bestrahlten Oberfläche $(x=0)$

$$K_{n,p} = \gamma_{n,p} S_{n,p} \exp(-Kx) \cdot \frac{Q \cdot \hbar\omega}{c} \tag{6.7}$$

mit dem Absorptionskoeffizienten $K = K_g + nS_n + pS_p$. K_g ist die eventuell noch zusätzlich vorhandene Absorption des Gitters. Hiermit erhalten wir die x-abhängige Stromdichte $j_{\text{Ph-D}} = n \cdot \Delta i_n + p \cdot \Delta i_p$

$$j_{\text{Ph-D}} = \frac{Q\hbar\omega}{c} (\mu_p \gamma_p S_p p - \mu_n \gamma_n S_n n)\, \mathrm{e}^{-Kx} . \tag{6.8}$$

Diese gilt für den feldfreien Fall, der sich jedoch wegen der zu fordernden Divergenzfreiheit von j nicht einstellen kann. Für die sich aufbauende Photon-Drag-Spannung $U_{\text{Ph-D}}$ im stromlosen Fall gilt

$$U_{\text{Ph-D}} = -\int_0^l \frac{j_{\text{Ph-D}}}{\sigma} = \frac{Q\hbar\omega}{c} \frac{(1-R_\lambda)(1-\mathrm{e}^{-Kl})}{\sigma(1+R_\lambda \mathrm{e}^{-Kl})} \times \frac{\mu_p \gamma_p S_p p - \gamma_n \mu_n S_n n}{K_g + S_p p + S_n n} . \tag{6.9}$$

Hier wurden noch der Reflexionskoeffizient R_λ und das mehrfache Durchlaufen des Lichtes durch die Probe durch Mehrfachreflexion berücksichtigt. Durch Vergleich von $U_{\text{Ph-D}}$ für verschiedene Dotierungen lassen sich γ_n und γ_p bestimmen. Ähnlich wurde in [100] vorgegangen, und man fand tatsächlich $\gamma_n < \gamma_p \approx 1$. Beachten wir, daß $\gamma_p \approx 1$ und $\gamma_n \ll 1$ sein muß, so können wir aus (6.9) zumindest die Größenordnung der zu erwartenden Effekte abschätzen. Mit dem experimentell bestimmbaren Wert von S_p in Ge von etwa $4 \cdot 10^{-17}$ cm^2 finden wir mit $\mu_p \approx 1900$ cm^2/Vs für $Kl \ll 1$, $p \gg n$ und $S_p p \gg K_g$ für p-Ge

$$U_{\text{Ph-D}} = \frac{Q\hbar\omega}{ce} \cdot \frac{1-R_\lambda}{1+R_\lambda} l \cdot S_p . \tag{6.10}$$

Das bedeutet bei einer Fläche $A = 0{,}1$ cm^2, einer Länge der Probe l von 1 cm und $\hbar\omega = 0{,}1$ eV

$$U_{\text{Ph-D}} = \frac{1-R_\lambda}{1+R_\lambda} \cdot 0{,}8 \cdot 10^{-7} \frac{V}{W} \cdot N . \tag{6.11}$$

Hierbei ist $N = Q\hbar\omega A$ die eingestrahlte Leistung. Für $Kl \gg 1$ fällt die S_p-Abhängigkeit heraus, und wir erhalten

$$U_{\text{Ph-D}} = (1-R_\lambda) \frac{Q\hbar\omega}{c} \cdot \frac{\mu_p}{\sigma} \tag{6.12}$$

oder

$$U_{\text{Ph-D}} = (1 - R_\lambda) \cdot 0{,}6 \cdot 10^{-6} \frac{V}{W} \left(\frac{0{,}1 \text{ cm}^2}{A}\right) \times \left(\frac{1 \Omega^{-1} \text{cm}^{-1}}{\sigma}\right) \left(\frac{\mu_p}{1900 \text{ cm}^2/\text{Vs}}\right) N . \qquad (6.13)$$

(5) Wir sehen, daß der Effekt recht klein ist. Gut nachweisbare Signale kann man nur mit leistungsstarken Impulslasern erzielen. Auch von diesem Effekt ist wie bei den in Abschnitt 6.1. behandelten Effekten zu erwarten, daß er praktisch trägheitslos dem Lichtimpuls folgt. Die für diesen Effekt für das An- und Abklingen geltenden Zeitkonstanten sind prinzipiell durch die Impulsrelaxation der Träger nach unten begrenzt (ca. 10^{-12} s). Die praktische Grenze ergibt sich aber aus der Laufzeit des Lichtes in der Probe (ca. 10^{-10} s pro cm Probenlänge) und durch die Zeitkonstanten der Nachweiselektronik. Abbildung 6.8 zeigt, wie der Photon-Drag-Impuls unverzerrt einen ns-Lichtimpuls wiedergibt. Hierin liegt ein Vorteil

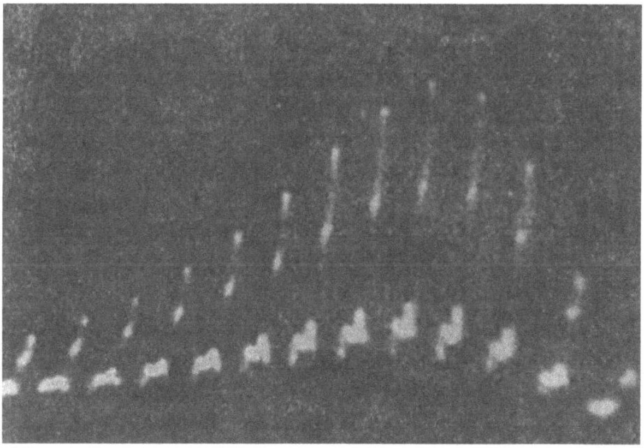

Abb. 6.8. Beispiel zur Auflösung von zeitlichen Strukturen im ns-Bereich im Impulszug eines CO_2-TEA-Lasers mit Mode-Locking. Der Impulsabstand beträgt 56 ns

dieses Effektes für meßtechnische Anwendungen. Seine gute Proportionalität zur Leistung des eingestrahlten Lichtes über viele Dekaden ist ein weiterer Vorteil. Die geringe Zeitkonstante des Effektes kann man auch dazu ausnutzen, ihn sicher von Störeffekten, die fast immer eine viel größere Zeitkonstante besitzen, zu unterscheiden.

(6) Der Photon-Drag weist interessante Anisotropien auf. Neben dem bisher behandelten Fall, bei dem $i_{\text{Ph-D}}$ bzw. $U_{\text{Ph-D}}$ in Richtung des eingestrahlten Lichtes auftreten und den wir daher auch als *longitudinalen* Photon-Drag bezeichnen, können $i_{\text{Ph-D}}$ bzw. $U_{\text{Ph-D}}$ auch Komponenten senkrecht zur Einfallsrichtung des Lichtes haben. Hier sprechen wir vom *transversalen* Photon-Drag. Um die Symmetrieeigenschaften dieses Effektes zu diskutieren und uns eine Übersicht zu verschaffen, gehen wir am besten von einer rein phänomenologisch angelegten Betrachtung aus. Der Photon-Drag wird dann durch einen Tensor vierter Stufe beschrieben [97]

$$j_{\text{Ph-D},\nu} = \Gamma_{\nu klm} \varkappa_k F_l F_m \,. \tag{6.14}$$

Die Diskussion dieses Tensors ergibt, daß auch in kubischen Gittern ein transversaler Effekt auftreten kann. Man geht dabei von allgemeinen Symmetriebetrachtungen aus und findet, daß für ein kubisches Gitter zwei Typen von Komponenten des Tensors von Null verschieden sein können, im Kristallachsensystem sind das $\Gamma_{\nu\nu\nu\nu} = \gamma_{11}$ und die $\Gamma_{\nu\nu kk} = \Gamma_{kk\nu\nu} = \gamma_{44}$. Ob ein transversaler Effekt auftritt, hängt davon ab, ob $\gamma_{11} \neq \neq 3\gamma_{44}$ ist. Entscheidend ist dafür, wie anisotrop die $E(\boldsymbol{k})$-Funktionen und eventuell die Streuung sind. Näheres hierzu für p-Ge und p-InSb siehe z. B. [102].

(7) Auch bei der Störstellenabsorption kann ein Photon-Drag auftreten. Auch hier entsteht eine Anisotropie in der Verteilung der Photoelektronen, wenn wir den Impuls des Lichtes berücksichtigen. Entsprechende Effekte konnten mit CO_2-Lasern an phos-

phordotiertem Si und As-dotiertem Ge im Konzentrationsbereich von $2 \ldots 3 \cdot 10^{16}\,\mathrm{cm}^{-3}$ besonders bei tiefen Temperaturen nachgewiesen werden [103]. Auch hier können an kubischen Halbleitern Anisotropien auftreten [104].

7. Photoeffekte bei hohen Anregungsdichten

Die Schaffung von gütegeschalteten Lasern mit hoher Impulsenergie hat die Untersuchung von Photoeffekten in Halbleitern bei extremen Anregungsdichten ermöglicht. Typische Anregungsbedingungen bei Verwendung des Neodymglas- oder Rubinlasers sind: Halbwertsbreite der Impulse $t_{\mathrm{imp}} = 20 \ldots 40$ ns, maximale Quantenflußdichte im Impulsmaximum $\hat{Q} = 10^{25}\,\mathrm{cm}^{-2}\,\mathrm{s}^{-1}$. Damit kann zum Beispiel in Germanium eine Ladungsträgerkonzentration an der Oberfläche $\delta\hat{n}(0) = 10^{18}\,\mathrm{cm}^{-3}$ reversibel eingestellt werden. Man erreicht hier also $\delta\hat{n} = \delta\hat{p} \gg n_0 + p_0$, was bereits gelegentlich in den Abschnitten 2. und 3. als Fall starker Anregung bezeichnet worden ist. Die Untersuchung von Halbleitern unter Bedingungen mit hoher Konzentration der Nichtgleichgewichtsträger ist einerseits von großem praktischem Interesse für die Optimierung von Halbleiterbauelementen, andererseits hat sie bereits grundsätzlich neue physikalische Erkenntnisse geliefert. In Halbleitern sind hohe Anregungsdichten in optisch oder durch Elektronenstrahl gepumpten Lasern, darüber hinaus in jedem pn-Übergang bei starker Flußvorspannung (z. B. Leistungsgleichrichter, -transistoren, -thyristoren, Injektionslaser) anzutreffen; derartige Untersuchungen an Photoempfängern sind wichtig, um den Linearitätsbereich beziehungsweise die maximale Strahlungsbelastung zu ermitteln. Grundlagenuntersuchungen betreffen

– die Generationsprozesse bei starker optischer Anregung (nichtlineare optische Eigenschaften),

– das Verhalten von Exzitonen bei hohen Anregungsdichten (Exzitonenmoleküle, Bose-Einstein-Kondensation),
– sowie – und vor allem das ist für unser Thema interessant – die Rekombination bei hohen Konzentrationen der Nichtgleichgewichtsträger.

Unter diesem Aspekt ergänzen Experimente mit Laseranregung die Photoleitungsuntersuchungen bei schwacher Anregung. Gegenüber dem Fall schwacher Anregung weist die Rekombination Besonderheiten insofern auf, als mit wachsender Trägerkonzentration einerseits Rekombinationskanäle über Störstellen unwirksam oder andere wirksam werden können (siehe Abschnitt 2.2.3.), andererseits die direkte Band–Band-Rekombination durch strahlende und Auger-Prozesse effektiver wird, so daß schließlich diese Rekombinationsprozesse überwiegen, das heißt die natürliche Grenze der Lebensdauer im betreffenden Halbleiter bei der jeweiligen Trägerkonzentration erreicht wird. Dies kann wichtig sein für die Untersuchung solcher Halbleiter, die bei schwacher Anregung normalerweise Rekombination über Zentren zeigen, weil deren Konzentration nicht so weit gesenkt werden kann, daß die Eigenrekombination dominiert.

Die im Experiment erreichten hohen Trägerkonzentrationen begünstigen infolge Elektron–Elektron-Wechselwirkung die Einstellung einer Quasi-Fermi-Verteilung. Die meisten derartigen Untersuchungen sind bei Zimmertemperatur durchgeführt worden, daher sind die Aufheizungseffekte vernachlässigbar. Die Beweglichkeit der Ladungsträger kann der aus galvanomagnetischen Messungen am unbelichteten Halbleiter bestimmten gleichgesetzt werden, sofern nicht durch Sekundäreffekte der hohen Ladungsträgerkonzentration wie Elektron–Loch-Wechselwirkung oder Abschirmeffekte die Beweglichkeit zusätzlich geändert wird.

7.1. Experimentelle Methoden

Vom Standpunkt des Experimentators hat die Laseranregung gegenüber der Anregung mit Elektronenstrahl den Vorzug, daß sie an Luft möglich ist und elektrische Messungen leicht durchgeführt werden können; die Ortsabhängigkeit der Generationsrate ist bekannt. Dem steht als Nachteil die Tatsache gegenüber, daß nur ein beschränktes Spektrum von geeigneten Lasern zur Verfügung steht. Es sind dies vor allem der Stickstofflaser ($\hbar\omega = 3{,}65$ eV), der Rubinlaser ($\hbar\omega = 1{,}79$ eV, STOKES-Kombinationslinie in flüssigem Stickstoff 1,50 eV), der Neodymglas- oder Nd^{2+}-YAG-Laser (1,17 eV), der Jodlaser (0,95 eV), der CO-Laser ($0{,}33 \leqq \hbar\omega \leqq 0{,}38$ eV), sowie der CO_2-Laser ($0{,}116 \leqq \hbar\omega \leqq 0{,}135$ eV).

Abbildung 7.1 zeigt eine typische Meßanordnung. Sie enthält neben dem gütegeschalteten Laser Geräte zur Bestimmung der Impulsenergie (Kalorimeter) und der Impulsform (schnelle Photodioden) sowie Geräte

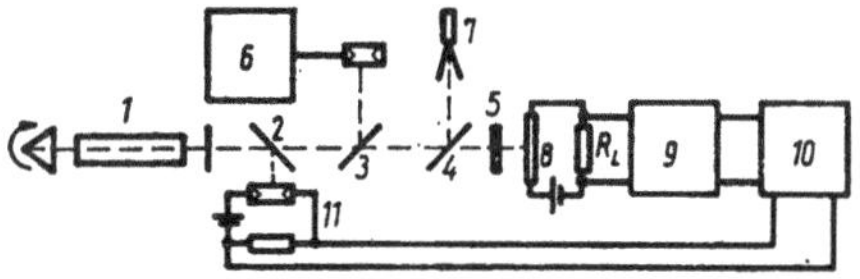

Abb. 7.1. Typische experimentelle Anordnung zur Untersuchung von Photoeffekten mit einem Impulslaser:
1 – gütegeschalteter Laser; 2, 3, 4 – Strahlteiler; 5 – Filter; 6 – Impulsoszilloskop bzw. Spitzenwertdetektor; 7 – Kalorimeter; 8 – Probe; 9 – Impulsverstärker; 10 – Impulsoszilloskop; 11 – Trigger-Impulsgeber

zur Registrierung des zeitlichen Verlaufs der Photoeffekte (Impulsoszillographen). Die Schwächung der Laserintensität erfolgt mit einem Satz geeichter Filter. Falls Absorptionsfilter verwendet werden, muß die Intensitätsunabhängigkeit des Schwächungskoeffizienten geprüft werden. Für den CO_2-Laser eignen sich Teflonfolien, diese haben den Vorteil, daß sie keine Strahlversetzung bewirken. Der Photoleitwert wird im Regime mit konstanter Spannung gemessen. Im Gegensatz zu Untersuchungen bei schwacher Anregung muß hier die gesamte Probe möglichst homogen beleuchtet werden. Das stellt besondere Anforderungen an die Kontakte. Da die Messung des Photoleitwerts nur das Integral $\Delta n = \int_0^d \delta n(z)\, dz$ liefert und die Auswertung insbesondere bei Oberflächenanregung und nichtlinearer Rekombination nicht eindeutig ist, werden die Untersuchungen ergänzt durch Messungen

- der Infrarotabsorption der Nichtgleichgewichtsträger K_{fc} (liefert ebenfalls Δn, gestattet aber zusammen mit der Photoleitfähigkeit Aussagen über mögliche Änderungen der Beweglichkeit),
- des Photo-Hall-Effekts (liefert direkt $\Delta\mu$),
- des PEM-Kurzschlußstromes (liefert $\delta n(0)$),
- der Oberflächen-Photospannung (besonders zur Untersuchung der Oberflächenrekombination),
- der Kinetik und der spektralen Verteilung der Rekombinationsstrahlung (gestattet die Abtrennung der strahlenden Rekombination),
- der Plasmakante, die bei hohen Konzentrationen der Nichtgleichgewichtsträger auch in Halbleitern mit relativ großen effektiven Massen wie Si, Ge, GaAs bis zu Wellenlängen um 10 µm geschoben und dort gemessen werden kann.

Eine charakteristische Besonderheit der Photoeffekte bei starker Anregung ist die Einstellung quasistationärer Verhältnisse während der Dauer des Anregungsimpulses t_{imp} oberhalb einer bestimmten Intensität (Abb. 7.2). In diesem Fall folgt der Impuls des Photostroms genau dem anregenden Laserimpuls. Im üblicherweise bei geringen Lichtintensitäten realisierten instationären Fall ($\tau \gg t_{imp}$) kann während des Laserimpulses die Rekombination gegenüber der Generation

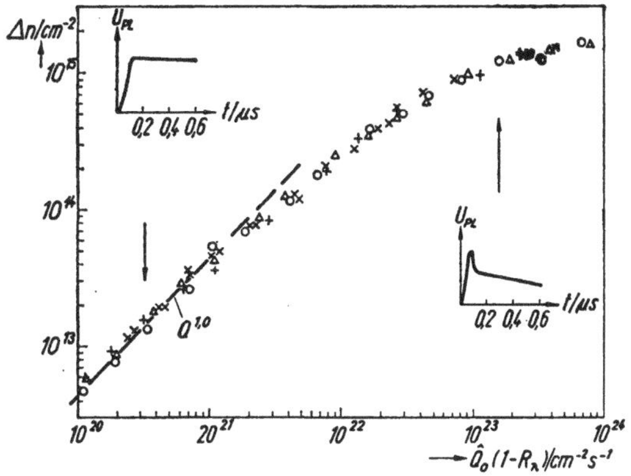

Abb. 7.2. Photostrom-Intensitäts-Kennlinie $\Delta\hat{n}(\hat{Q})$ von Tellur bei Anregung mit Rubinlaserimpulsen ($t_{\mathrm{imp}} = 40$ ns). Die eingefügten Impulsbilder der Photospannung beziehen sich auf die durch Pfeile markierten Intensitäten

vernachlässigt werden. Dann gilt für die Konzentrationen nach Beendigung des Anregungsimpulses

$$\Delta\hat{n} = \hat{Q}_0 (1 - R_\lambda) \eta t_{\mathrm{imp}} , \tag{7.1 a}$$

$$\delta\hat{n}(0) = \Delta\hat{n}/\sqrt{D t_{\mathrm{imp}}} . \tag{7.1 b}$$

Aus einer linearen Abhängigkeit $\Delta\hat{n}(\hat{Q})$ kann bei $\tau \gg t_{\mathrm{imp}}$ nicht auf lineare Rekombination geschlossen werden! Bei nicht vernachlässigbarer Oberflächenrekombination sind die Konzentrationen entsprechend verringert [33]. Aus dem Abklingen kann bei instationären Verhältnissen wie üblich die (momentane) Lebensdauer ermittelt werden.

Dagegen zeigt das Auftreten quasistationärer Impulse, daß $\tau_{\mathrm{mom}} < t_{\mathrm{imp}}$ ist. In diesem Fall kann wie bei stationären Verhältnissen in der Bilanzgleichung die explizite Zeitabhängigkeit gestrichen werden, zur Auswertung kann nur mehr die Form der Photostrom-Intensitäts-Kennlinie $\Delta\hat{n} = \Delta\hat{n}(\hat{Q})$ bzw. $\delta\hat{n}(0) = \delta\hat{n}(0, \hat{Q})$ herangezogen werden. Eine lineare Abhängigkeit ist im (quasi-)stationären Fall nur bei linearer Generation und linearer Rekombination möglich. Eine sublineare Abhängigkeit $\Delta\hat{n}(\hat{Q})$ deutet in der Regel auf nichtlineare Rekombination. Falls jeweils ein Term in (2.22) überwiegt, kann man die Bilanzgleichungen integrieren und erhält für die Intensitätsabhängigkeiten die in Tabelle 7.1 angegebenen Potenzgesetze. Die Zuordnung

Tabelle 7.1. Intensitätsabhängigkeit der Photoleitfähigkeit ($\Delta G \sim \Delta n$ und des PEM-Kurzschlußstromes $i_{PEM} \sim \delta n(0)$) bei Überwiegen jeweils eines nichtlinearen Rekombinationsgesetzes und linearer Generation im quasistationären Grenzfall

			$\Delta n \sim$		$\delta n(0) \sim$
quadratische Rekombination	Oberflächen-anregung	$s \ll s_0$	$Q^{1/3}$		$Q^{2/3}$
		$s \gg s_0$	$Q^{1/2}$		Q
	Volumenanregung		$Q^{1/2}$		$Q^{1/2}$
kubische Rekombination	Oberflächen-anregung	$s = 0$	$Q^{1/2}$ $Q \ll Q_0^*$	$\ln \frac{Q}{Q_0^*}$ $Q \gg Q_0^*$	$Q^{1/2}$
	Volumenanregung		$Q^{1/3}$		$Q^{1/3}$

$s_0 = \sqrt[3]{\frac{2}{3} BQD}$; $Q_0^* = \sqrt{\frac{2D^3}{Cd^4}}$; d – Probendicke; $Q = Q_0(1 - R_\lambda)$

Die Oberflächenrekombination ist dabei stets als linear angenommen (2.74). Da sich bei starker Anregung das Oberflächenpotential ändert, muß man mit einer Änderung der Oberflächenrekombinationsgeschwindigkeit gegenüber dem Fall schwacher Anregung rechnen. Nichtlineare Oberflächenrekombination im Sinne von (2.22) ist bisher nur in Einzelfällen diskutiert worden

eines gefundenen Potenzgesetzes zu einem bestimmten Rekombinationsgesetz ist danach nicht immer eindeutig. Die Frage, ob Volumen- oder Oberflächenanregung erfolgt, muß auf unabhängigem Wege geprüft werden. Dabei ist zu beachten, daß das Kriterium (3.13) verallgemeinert werden muß. Die Bedingungen für Oberflächenanregung lauten vollständig:

$$1/K \ll L = \sqrt{D\tau} \ll d \quad \text{im stationären Fall,}$$

$$1/K \ll \sqrt{D t_{\text{imp}}} \ll d \quad \text{im instationären Fall.} \qquad (7.2)$$

Falls die quasistationäre Lebensdauer gegenüber der Lebensdauer bei schwacher Anregung stark verringert ist, kann bei starker Anregung Volumenanregung vorliegen, obwohl bei geringen Intensitäten Oberflächenanregung realisiert ist. Falls es Hinweise auf quadratische Rekombination gibt, ist die Messung der Intensitätsabhängigkeit der Rekombinationsstrahlung zu empfehlen. Das bereits im Abschnitt 3.4. diskutierte schnellere Abklingen des PEM-Effekts im Vergleich zur Photoleitfähigkeit wurde experimentell tatsächlich beobachtet, und zwar an Germanium [105] und Tellur [106].

7.2. Experimentelle Ergebnisse und ihre Interpretation

Die folgenden Angaben beziehen sich auf die Anregung mit dem Rubin- oder Neodymglaslaser.

Germanium. Die Photoleitfähigkeit bleibt instationär bis zu einer Quantenflußdichte von $\hat{Q} = 10^{23}\,\text{cm}^{-2}\,\text{s}^{-1}$, der Photostrom hängt linear von der Intensität ab [105]. Bis zu diesen Intensitäten bleibt Phononen-Rekombination über Zentren vorherrschend. Die Ergebnisse zur Photoleitfähigkeit ($\Delta\hat{n}$) und zum PEM-Effekt ($\delta\hat{n}(0)$) stimmen gut überein (7.1 b). Die bei beiden Messungen festgestellte Differenz gegenüber dem theoretischen Wert nach (7.1 a) kann durch die zusätzliche Wirkung starker Oberflächenrekombination ($s \approx 10^5\,\text{cm}\,\text{s}^{-1}$) erklärt werden. Bei $\hat{Q} > 10^{23}\,\text{cm}^{-2}\,\text{s}^{-1}$ erfolgt ein Abknicken der Photostrom-Intensitäts-Charakteristik, das durch nichtlineare Rekombination (an der Oberfläche und im Volumen) erklärt wird.

Aus Messungen der Rekombinationsstrahlung [107] und der Photo-EMK in *pn*-Übergängen [108] wurden

Tabelle 7.2. Konstanten der strahlenden Rekombination (B) und der AUGER-Rekombination (C) aus Messungen bei starker optischer Anregung
$T = 300$ K

Halbleiter	$B \cdot 10^{13}/cm^3\,s^{-1}$ theor. [119]a)	exper.	$C \cdot 10^{32}/cm^6\,s^{-1}$ theor.	exper.
GaAs	3200	7000 [112]	10 [120]	
InAs	850	160 [121] 300 [122]	$2 \cdot 10^5$ [123]	$1{,}6 \cdot 10^5$ [113] [121]
InSb	1200			$C_n = C_p = 10^5$ [124]b)
Si	0,09c)	0,6 [58]	2 [125]	20 [126] 40 [110] 50 [127] $C_n = 500$ [58]
Ge	0,52c)	0,7 [107]	8 . . . 11 [125]	$C_p = 10$ [61]b) 1 [108]
Te	85		$2 \cdot 10^4$	$1{,}5 \cdot 10^4$ [106]
$Hg_{0,805}\,Cd_{0,195}\,Te$d)	4800 [128]		10^8 [128]	10^8 [128]

a) halbempirisch aus dem detaillierten Gleichgewicht nach [44] berechnet
b) aus τ-Messungen an stark dotiertem Material
c) indirekte strahlende Übergänge
d) $T = 77$ K

die Konstanten der quadratischen und kubischen Rekombination berechnet (siehe Tabelle 7.2).

Silizium. Die Photoleitfähigkeit ist instationär und die Photostrom-Intensitäts-Charakteristik linear bis etwa $\hat{Q} = 5 \cdot 10^{23}\,\mathrm{cm}^{-2}\,\mathrm{s}^{-1}$, es überwiegt Phononenrekombination über Zentren; bei geringen und mittleren Intensitäten können unterschiedliche Zentren wirksam sein [109]. Oberhalb einer Anregungsrate von $g = 10^{27}\,\mathrm{cm}^{-3}\,\mathrm{s}^{-1}$ bei Rubinlaseranregung konnte durch Messung der Infrarotabsorption K_{fc} und der Rekombinationsstrahlung I_{RS} nachgewiesen werden, daß AUGER-Rekombination dominiert (es gilt $\int \hat{K}(z)\,\mathrm{d}z \sim \hat{g}^{1/3}$; $\hat{I}_{\mathrm{RS}} \sim \hat{g}^{2/3}$), die Photoleitfähigkeit wird stationär [58]. Durch Messungen der Photoleitfähigkeit, der Infrarotabsorption sowie des Photo-HALL-Effekts [110] wurde festgestellt, daß in Silizium die Beweglichkeit der Ladungsträger mit wachsender Konzentration der Nichtgleichgewichtsträger infolge zusätzlicher Elektron–Loch-Streuung abnimmt.

Galliumarsenid. GaAs zeigt eine hohe Quantenausbeute der strahlenden Band–Band-Rekombination. Die Reabsorption dieser Strahlung im Innern des Halbleiters wird gewöhnlich nur bei Auswertung von Lumineszenzuntersuchungen berücksichtigt, der Einfluß auf die Photoleitfähigkeit kann bei schwacher Anregung vernachlässigt werden [111]. Bei starker Oberflächenanregung wirkt jedoch die Reabsorption der von der Probenoberfläche in die Tiefe gelangenden Rekombinationsstrahlung unter erneuter Bildung von Elektron–Loch-Paaren wie ein zusätzlicher Diffusionsstrom der Träger

$$j_{\mathrm{phot}} = -\frac{2}{3}\, B \langle K^{-2} \rangle\, n\, \frac{\mathrm{d}n}{\mathrm{d}x} \tag{7.3}$$

mit einem „Diffusionskoeffizienten“, der mit wachsender Trägerkonzentration zunimmt [112], B ist dabei wie üblich der Koeffizient der strahlenden Rekombination, $\langle K^{-2} \rangle$ ein spezieller Mittelwert des Absorptionskoeffizienten für die Rekombinationsstrahlung. Setzt man für eine grobe Abschätzung $\langle K^{-2}\rangle \approx \langle K\rangle^{-2}$, so findet man für GaAs ($D=20$ cm²/s, $K \approx 10^4$ cm^{-1}), daß bereits bei $n > 4 \cdot 10^{18}$ cm^{-3} diese Art des Teilchentransports die eigentliche Diffusion übersteigt. In diesem Grenzfall ergeben sich andere als die in Tabelle 7.1 angeführten Exponenten der Photostrom-Intensitäts-Charakteristik (siehe [112]).

Indiumarsenid. Die Photostrom-Intensitäts-Charakteristik ist bis zu Quantenflußdichten $\hat{Q} = 10^{22}$ cm^{-2} s^{-1} linear, oberhalb 10^{23} cm^{-2} s^{-1} verläuft sie wie $\Delta\hat{n} \sim \sim \hat{Q}^{1/3}$. Da hier trotz $\hbar\omega \gg E_g$ wegen der kleinen Lebensdauern Volumenanregung vorliegt ($3/K > L = \sqrt{D\tau}$), muß auf überwiegende Auger-Rekombination geschlossen werden [113]. In n-InAs überwiegt Streuung der Elektronen an polaren optischen Phononen. Deshalb sollte man eine Zunahme der Beweglichkeit infolge Abschirmung bei hohen Konzentrationen der Nichtgleichgewichtsträger erwarten. Durch gleichzeitige Messung der Infrarotabsorption K_{fc} und der Photoleitung wurde gezeigt, daß die Abschirmung nicht wirksam wird, sondern durch die wie in Silizium zusätzlich einsetzende Elektron–Loch-Streuung so kompensiert wird, daß sich die Beweglichkeit innerhalb der Fehlergrenzen nicht ändert.

Tellur. In Tellur beobachtet man bei $T = 300$ K für Quantenflußdichten von ca. 10^{22} cm^{-2} s^{-1} in der Photostrom-Intensitäts-Charakteristik einen Übergang von instationären ($\Delta n \sim \hat{Q}^1$) zu stationären Signalimpulsen ($\Delta\hat{n} \sim \ln Q$, Abb. 7.2). Da es sich hier um Oberflächenanregung handelt, muß auf kubische Rekombination geschlossen werden [106]. Diese Deutung wird unterstützt dadurch, daß der PEM-Kurzschlußstrom für $Q > 10^{22}$ cm^{-2} s^{-1} wie $i_{\mathrm{PEM}} \sim Q^{1/2}$ von der Intensität abhängen. Die Bestimmung des Auger-Koeffizienten aus der Photoleitfähigkeit ist genauer, da der Absolutwert der Intensität nicht in das Ergebnis eingeht.

Anregung der an breitlückigen III-V- oder II-VI-Halbleitern mit dem Rubin- oder Neodymglaslaser bedeutet Ausläuferanregung. Deshalb stehen hier im Vordergrund die Generation durch Mehrstufenanregung über Störstellen und durch Interband-Mehrquanten-Absorption (siehe Abschnitt 7.3.). Bei überwiegender Anregung aus Zentren wird Absorptionssättigung beobachtet (siehe z. B. [115]).

7.3. NLO-*Effekte bei der Untersuchung der Photoleitfähigkeit mit Laserimpulsen*

Nichtlineare optische Effekte können nichtlineare Rekombination vortäuschen, sofern sie zu einer sublinearen Photostrom-Intensitäts-Abhängigkeit führen. Folgende nichtlineare optische Effekte werden bei der Untersuchung von Photoeffekten an Halbleitern mit Lasern hauptsächlich beobachtet:

- Verringerung der Absorption infolge Änderung der Besetzungszahlen,
- Verringerung der Interbandabsorption durch konkurrierende Intrabandabsorption der Nichtgleichgewichtsträger,
- Mehrquanten-Absorption.

Eine Absorptionsverringerung bzw. -sättigung kann nicht nur bei Anregung aus Zentren infolge von deren Entleerung (siehe Abschnitt 2.3.) auftreten, sondern bei hohen Intensitäten auch in der Interbandabsorption [116]. Wie (1.14) zeigt, ist dazu erforderlich, daß die Besetzungswahrscheinlichkeit der Anfangs- und Endzustände der optischen Übergänge bei Interbandabsorption, das heißt der Zustände bei der Injektionsenergie E_{in} nach (1.19), sich wesentlich von den Gleichgewichtswerten $(f(E_{\text{in}})(\boldsymbol{k})) = f_{\text{v}}(E_{\text{in}}(\boldsymbol{k})) \approx 1$ bzw. $f(E_{\text{in}}(\boldsymbol{k}')) = f_{\text{L}}(E_{\text{in}}(\boldsymbol{k}')) \approx 0$ unterscheidet. Dies ist gleichbedeutend damit, daß die Quasi-FERMI-Niveaus der Elektronen beziehungsweise Löcher sich bis auf einige kT der jeweiligen Energie E_{in} annähern (dies bedeutet gleichzeitig Entartung der Nichtgleichgewichtsträger). Ein solcher Effekt tritt um so eher in Erscheinung, je weniger sich $\hbar\omega$ und E_g unterscheiden (z. B. bei Anregung von Si mit dem Neodymglaslaser).

Sublinearität der Photostrom-Intensitäts-Charakteristik kann auch auftreten infolge bei hohen Intensitäten konkurrierender Intrabandabsorption der durch das Licht erzeugten Nichtgleichgewichtsträger. Dies wird vor allem bei großen Wellenlängen (CO_2-Laser) beobachtet, da die Absorptionsquerschnitte der freien Ladungsträger, abgesehen von Nichtmonotonien durch Subbandübergänge, mit der Wellenlänge gewöhnlich wie λ^n mit $n = 2 \pm 0{,}5$ ansteigen, sowie bei schwacher primärer Absorption. Dies trifft zu für indirekte Interbandübergänge, zum Beispiel bei Anregung von Si mit dem Neodymglaslaser, sowie vor allem für Interbandübergänge durch Mehr-Quanten-Absorption, zum Beispiel bei Anregung von InSb oder Tellur mit dem CO_2-Laser (2- bzw. 3-Quanten-Absorption).

Eine superlineare Photostrom-Intensitäts-Kennlinie wird bei Mehr-Quanten-Übergängen beobachtet ($\Delta\sigma \sim g \sim Q^2$ bei 2-Quanten-Absorption und linearer Rekombination usw.). Untersuchungen dieser Problematik werden vor allem mit der Zielstellung durchgeführt, durch Anwendung der Photoleitfähigkeitstechnik eine gegenüber direkten Absorptionsmessungen erhöhte Empfindlichkeit beim Nachweis der schwachen Mehr-Quanten-Absorption zu erreichen. Tabelle 7.3 gibt eine Übersicht über Beobachtungen von Photoeffekten mit Mehr-Quanten-Anregung (siehe dazu auch [117]).

Das Bild wird weiterhin kompliziert dadurch, daß neben der direkten Mehr-Quanten-Absorption (beschrieben durch einen quadratisch usw. von der Intensität abhängigen Imaginärteil der Dielektrizitätskonstante des Mediums) auch primär eine Umwandlung der Strahlung in Harmonische (beschrieben durch einen quadratisch usw. von der Intensität abhängigen Realteil der Dielektrizitätskonstante) erfolgen kann, die dann

Tabelle 7.3. Beobachtungen von Mehr-Quanten-Photoeffekten in Halbleitern

Laser	$\hbar\omega$/eV	2-Qu-PL	3-Qu-PL
CO_2	0,117	InSb, PbTe	Te
Neodymglas	1,17	GaAs, InP, GaSe, CdP_2, $CdSnP_2$	
Rubin	1,79	Anthrazen, ZnS, CdS, CdS_xSe_{1-x}, GaP, ZnTe, CdP_2	
Ar^+	2,55	ZnS	

durch einen gewöhnlichen, das heißt Einquanten-Absorptionsprozeß eine Photoleitfähigkeit hervorrufen. Eine besonders komplizierte Verknüpfung von Harmonischengeneration und Mehr-Quanten-Anregung konnte von Maltz und Mitarbeitern am Tellur aufgeklärt werden [118].

8. Halbleiterwerkstoffe für Strahlungsempfänger

Zur Charakterisierung der Werkstoffe sind in Tabelle 8.1 einige Eigenschaften zusammengestellt, die die Wechselwirkung mit elektromagnetischer Strahlung und das Rekombinationsverhalten der Nichtgleichgewichtsträger beschreiben. Dabei wurden vor allem solche Halbleiter aufgenommen, die in photoelektrischen Bauelementen Anwendung finden.

Photoleitfähigkeit wurde erstmals 1873 durch Smith [129] am Halbleiter Selen beobachtet. In den ersten Jahrzehnten des 20. Jahrhunderts wurden weiter Kupferoxydul, Thalliumsulfid, Kadmiumsulfid und Diamant als Photoleiter erkannt. Experimentelle Untersuchungen der Photoleitfähigkeit an anderen Halbleitern wurden in dem Maße durchgeführt, in dem diese überhaupt in den Blickpunkt der Halbleiterphysik rückten, ebenso wie die Entwicklung der theoretischen Vorstellungen über die Photoleitfähigkeit untrennbar mit der Ent-

Tabelle 8.1. Problembezogene Eigenschaften von Halbleiterwerkstoffen bei $T = 300$ K ($* \triangleq T = 77$ K)

	Allgemeine Eigenschaften					Bipolare Generation			Anwendung	
Material	dotierbar	μ_n	μ_p	ε_{stat}	n_i/cm^{-3}	E_g/eV	n_λ	d/i		τ_n/τ_p
β-ZnS	n	165		15,8		3,58	2,3	d	PW	
ZnSe	n	530		9,1		2,67		d	PW	
CdS	n	300	50	11,6		2,58	2,3	d	PW	$\tau_n \gg \tau_p$
CdSe	n	800		10		1,74		d	PW	
CdTe	p, n	700	65	10,6	$<10^6$	1,51	2,75	d	PW	
GaAs	p, n	8500	600	11,1	$\sim 10^7$	1,38	3,6	d	PD, LPD	
InAs	p, n	33000	450	14,5	$8 \cdot 10^{14}$	0,28	3,2	d	PW, PD, LPD	
InSb	p, n	77000	900	15,7	$2 \cdot 10^{16}$	0,16	4,1	d	PW, PD, LPD	
Si	p, n	1900	480	11,7	$1{,}5 \cdot 10^{10}$	1,12	3,4	i	PD, LPD	$\tau_n \approx \tau_p$
Ge	p, n	3900	1400	16	$2{,}4 \cdot 10^{13}$	0,68	4,0	i	PD, LPD	$\tau_n \approx \tau_p$
Tl_2S						1,2			PW, Hetero-PE	
Se	p		0,2			1,8	$\perp 2{,}5 \parallel 3{,}2$	i	Hetero-PE	
Te	p	1600	800	$\perp 33 \parallel 53$	$6 \cdot 10^{15}$	0,346	$\perp 4{,}8 \parallel 6{,}3$	d	PW	$\tau_n < \tau_p$
PbS	p, n	800	500	17	$3 \cdot 10^{15}$	0,38		d	PW	$\tau_n \approx \tau_p$
PbSe	p, n	1200	600		$3 \cdot 10^{16}$	0,22		d	PW	$\tau_n \approx \tau_p$
PbTe	p, n	2000	800	30	$2 \cdot 10^{16}$	0,23	6,06	d	PW, PD	$\tau_n \approx \tau_p$
$Pb_{0,83}Sn_{0,17}Te$*	p, n	40000	13000	≈ 560	$1{,}9 \cdot 10^{13}$	0,108	6,75	d	PD	$\tau_n \approx \tau_p$
$Hg_{0,805}Cd_{0,195}Te$*	p, n	$1{,}5 \cdot 10^5$			$7 \cdot 10^{13}$	0,09	3,75	d	PW, PD	$\tau_n \approx \tau_p$

PW – Photowiderstand; PD – Photodiode; LPD – Lawinenphotodiode; PE – Photoelement; d/i – direkter bzw. indirekter Halbleiter wicklung der allgemeinen Halbleiterphysik verbunden ist. Heute kann eine dominierende Stellung von Germanium, Silizium und einigen $A^{III}B^{V}$-Halbleitern auch für photoelektrische Halbleiterbauelemente festgestellt werden. Daneben sind im kurzwelligen Spektralbereich die $A^{II}B^{VI}$-Halbleiter wie CdS wichtig, während für Infrarotempfänger die Mischkristallhalbleiter mit schmaler verbotener Zone an Bedeutung gewinnen.

8.1. $A^{II}B^{VI}$-Halbleiter mit großer Energielücke

Typischer Vertreter dieser Substanzklasse ist das Kadmiumsulfid (CdS), das wegen seiner ausgezeichneten Photoleitungs- und Lumineszenzeigenschaften im sichtbaren Spektralbereich nicht nur verbreitet in Strahlungsempfängern angewendet wird, sondern auch als Modellsubstanz für Photoleiter intensiv untersucht worden ist (siehe z. B. [Z 3, Bd. II, S. 99–148]). Eine Besonderheit der $A^{II}B^{VI}$-Halbleiter mit großer Energielücke wie CdS, CdSe, ZnO, ZnS, ZnSe, ZnTe besteht darin, daß sie bisher nicht p-leitend hergestellt werden können. Dies ist auf die Neigung der akzeptorbildenden Fremdatome beziehungsweise Punktdefekte zur Selbstkompensation zurückzuführen. Aus diesen Halbleitern können daher keine Photodioden hergestellt werden.[1] Abbildung 8.1 gibt eine Übersicht über die spektrale Nachweisempfindlichkeit von Detektoren aus einigen dieser Halbleiter. Die Größe $\mathfrak{D}^*$ ist ein Maß für die Nachweisgrenze von Strahlungsempfängern, das in Abschnitt 9. definiert wird (siehe Gleichung (9.4)). CdS ist das wichtigste und am meisten verbreitete

---

[1] Es gibt Hinweise auf die Herstellung von p-CdS durch Ionenimplantation, siehe z. B. И. П. Акимченко, В. С. Вавилов (I. P. Akimčenko, V. S. Vavilov, V. V. Krasnopevcev, Ju. V. Miljutin, M. Charši, Čan Kim Loj), Физ. тех. полупров. **9** (1975) 32.

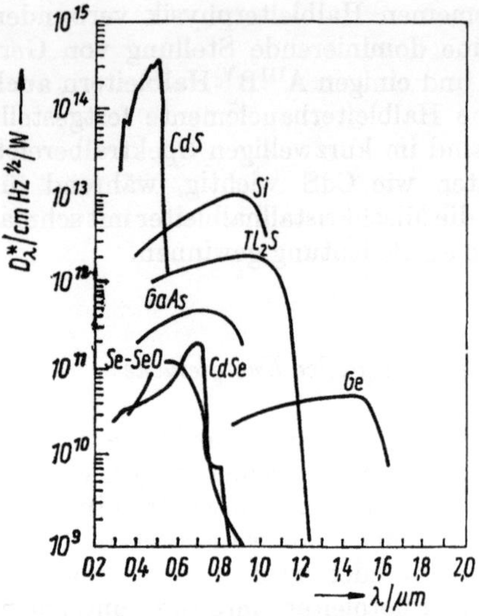

Abb. 8.1. Spektrale Nachweisempfindlichkeit von Halbleiter-Strahlungsempfängern für den Wellenlängenbereich von 0,3 bis 2,0 µm

Material für Photowiderstände zum Nachweis sichtbarer Strahlung. Die spektrale Charakteristik ist recht ähnlich der des menschlichen Auges, deshalb und wegen der hohen Empfindlichkeit wird es in Belichtungsmessern und automatischen Kameras eingesetzt. Durch die Anwendbarkeit von Sinterschichten ist die Technologie auf die Massenproduktion großflächiger Elemente zugeschnitten. Diese werden mit Cu (Löcherhaftstellen) und Cl (Donator) dotiert, die Zugabe von Jod wie überhaupt eine hohe Störstellenkonzentration erhöht die Empfindlichkeit im längerwelligen Bereich (Ausläuferanregung). Die Photoleitfähigkeit ist auch bei bipolarer Generation unipolar, es ist $\tau_n \gg \tau_p$ und somit $\delta n \gg \delta p$ [130]. Daher ist die effektive Lebensdauer sehr groß, und man erhält eine hohe Verstärkung des primären Photostroms bis zu 10^5 (siehe Abschnitt 9.1.) und somit eine hohe Empfindlichkeit des Detektors. Typische

Parameter eines CdS-Photowiderstandes mit $A = 2\,\mathrm{mm}^2$ sind $R_{\mathrm{dunkel}} \approx 10^{10}\,\Omega$, $\mathfrak{D}^*$ (0,5 µm) $> 10^{14}$ cm $\mathrm{Hz}^{1/2}\,\mathrm{W}^{-1}$, $\tau = 10 - 100$ ms. Die Nachweisempfindlichkeit von CdS-Photowiderständen ist vergleichbar mit der von Sekundärelektronenvervielfachern. Auf der Basis von CdSe und CdTe lassen sich Empfänger mit einer ins Langwellige verschobenen Spektralcharakteristik, allerdings weitaus geringerer Nachweisempfindlichkeit, herstellen.

8.2. Ge, Si und Substanzen mit vergleichbarer Energielücke

(1) Die eingehende wissenschaftliche Bearbeitung und die hohe technologische Reife der in der Halbleiterbauelementeproduktion dominierenden Materialien Germanium, Silizium und Galliumarsenid haben sich dahingehend ausgewirkt, daß die Erschließung dieser Halbleiter für den Strahlungsnachweis ebenfalls weitgehend bis an die physikalischen und technologischen Grenzen geführt wurde. Durch die günstige Breite der Energielücke ist Silizium als Detektormaterial für den sichtbaren Spektralbereich besonders geeignet. Abbildung 8.2 zeigt die spektrale Stromempfindlichkeit idealer Ge- bzw. Si-Photodioden, berechnet nach der Formel

$$\mathfrak{R}_{\mathrm{I}} = \frac{e}{\hbar\omega}\,\eta\,(1 - \mathrm{e}^{-KW_{\varrho}})\,(1 - R_{\lambda})\,\mathrm{e}^{-Kd_0}. \tag{8.1}$$

In Modifizierung von (4.22) wurden dabei durch den Faktor e^{-Kd_0} zusätzlich die sogenannten Frontfensterverluste berücksichtigt (d_0 – Dicke der n^+-Schicht bei n^+p-Dioden), die innere Quantenausbeute η wurde gleich Eins gesetzt, W_{ϱ} ist die Weite der Raumladungszone. Da der Absorptionskoeffizient $K(\lambda)$ für Silizium im Bereich der indirekten Übergänge $\Gamma'_{25} \to \Delta_1$ relativ kleine Werte hat, kann man durch Wahl von Material unterschiedlichen spezifischen Widerstandes und damit unterschiedlicher Weiten der Raumladungszonen den Aus-

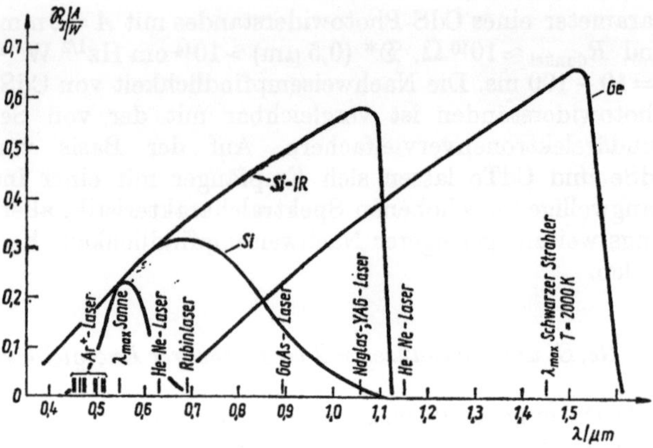

Abb. 8.2. Theoretische Stromempfindlichkeit von Ge- bzw. Si-Photodioden nach (8.1). Zugrundegelegte Zahlenwerte $n_i = 1$, $d_0 = 0{,}2\ \mu$m. Die Sperrschichtweite wurde für Ge und Si zu $W_\varrho = 10^{-3}$ cm angenommen, für Si-IR zu 0,1 cm (p-Si, $\varrho = 40$ kΩcm, $U_{Sp} = 300$ V). Die senkrechten Striche bezeichnen die spektrale Lage einiger Laser. Zum Vergleich ist die Kurve der spektralen Augenempfindlichkeit eingezeichnet.

beutefaktor $(1 - e^{-KW_\varrho})$ und somit das spektrale Verhalten in weiten Grenzen beeinflussen. Wie Abbildung 8.2 zeigt, erfaßt man mit Ge- und Si-Detektoren wesentliche Laserwellenlängen im sichtbaren und nahen infraroten Spektralbereich. Besonders ideal ist die Anpassung von Silizium-Empfängern an GaAs-Lumineszenz- und Laserdioden (LED). Die Kombination GaAs-Leuchtdiode (-Laser) / Glasfaserkabel / Si- (Lawinen-) Photodiode ist eine der aussichtsreichsten für die optische Nachrichtenübertragung. GaAs-Lumineszenzdioden werden ebenfalls mit Si-Phototransistoren bzw. -Photodioden in Kopplern eingesetzt.

(2) Germanium-Empfänger sind gut an Glühlampenlicht angepaßt. Daneben ist die Störstellenphotoleitfähigkeit von Germanium, besonders bei Dotierung mit Au, Hg, Cu, Zn, sehr intensiv untersucht [131]. Entsprechend den Ionisierungsenergien ΔE_a dieser Stör-

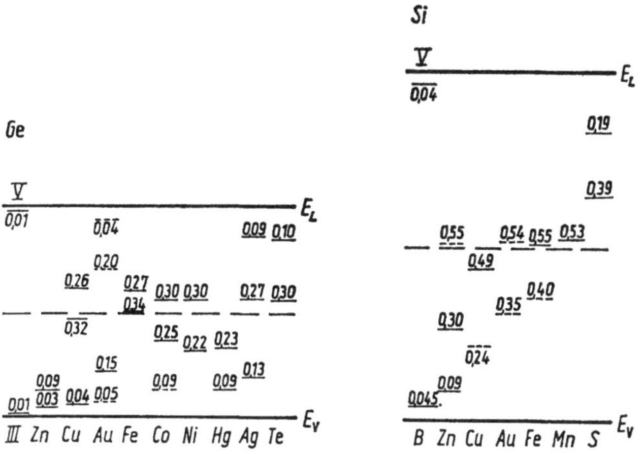

Abb. 8.3. Energetische Lage von Störstellenniveaus in Germanium und Silizium [Z 6, 131, 134]. Gestrichelte Darstellung in unterer Hälfte der verbotenen Zone bedeutet Donator, gestrichelte Darstellung in oberer Hälfte Akzeptor

stellen (Abb. 8.3) erhält man Detektoren für Wellenlängen bis etwa 40 µm (Tab. 8.2). Da Au, Hg, Cu, Zn als Fremdatome in Germanium je nach Ladungszustand unterschiedliche Niveaus bilden, muß der Ladungszustand der Störstelle und damit die gewünschte spektrale Empfindlichkeit bzw. Zeitkonstante des Empfängers durch Zusatzdotierung mit flachen Störstellen genau eingestellt werden. Wesentlich für die Funktion ist, daß die betreffenden Niveaus nicht bereits thermisch entleert sind. Untersuchungen zur Störstellenphotoleitfähigkeit sind auch an Silizium, Germanium-Silizium-Legierungen und Indiumantimonid durchgeführt worden (siehe bei Putley [131]), derartige Empfänger sind jedoch nicht bis zur technologischen Reife gediehen.

(3) Germanium und Silizium sind indirekte Halbleiter, daher ist, wie wir in Abschnitt 5. gesehen haben, Band—Band-Rekombination unwahrscheinlich; die Rekombi-

Tabelle 8.2. Charakteristische Daten von Ge und Si für Störstellenphotoleitfähigkeit

Material	Niveau	Konzentration	$\lambda_{1/2}$	T	N_{max}	$S_{\hbar\omega}$	S_p
	eV		µm	K	cm^{-3}	10^{-16} cm^2 [131]	10^{-13} cm^2
Ge: Au	$V+0{,}05$	$N_{III}<N_{Au}$	20	15	$2\cdot10^{16}$	0,1 ... 0,9	
(Sb)	$V+0{,}15$	$N_{Sb}<N_{Au}$	9	65			
(Sb)	$L-0{,}20$	$N_{Au}<N_{Sb}<2N_{Au}$	6	77			
Ge: Hg (Sb)	$V+0{,}09$	$N_{Sb}<N_{Hg}$	14	≦30	$2\cdot10^{16}$	5,5	
Ge: Cu (Sb)	$V+0{,}04$	$N_{Sb}<N_{Cu}$	27	4,2	$3{,}5\cdot10^{16}$	8,5	
Ge: Zn (Sb)	$V+0{,}035$	$N_{Sb}<N_{Zn}$	39	4,2	$2{,}5\cdot10^{18}$		
Ge: Zn (Sb)	$V+0{,}09$	$N_{Zn}<N_{Sb}<2N_{Zn}$	13	<50		$S_{\hbar\omega}^{Zn^-}=40$	$S_p^{Zn^=}=1{,}7$
Si: B	0,046		32	4,2		[132]	[132]

N_{max} – maximal erreichte Störstellenkonzentration; $S_{\hbar\omega}$ – gemessener Absorptionsquerschnitt;
S_p – Einfangquerschnitt für Löcher
(beide Einfangquerschnitte sind im allgemeinen noch konzentrationsabhängig)

nation erfolgt vorzugsweise über Zentren. Besonders effektive Rekombinationszentren werden durch tiefe Störstellen gebildet. Durch geeignete Dotierung kann die Lebensdauer bis auf $10^{-7} \ldots 10^{-9}$ s gesenkt werden. Die entscheidende Rolle spielen dabei diejenigen Niveaus, für die das Produkt aus maximal erreichbarer Konzentration (Festlöslichkeit) und Einfangquerschnitt für Minoritätsträger groß ist. Die meisten der Zentren mit mehreren Ladungszuständen (Cu, Ni, Fe, Au, Co, Ag) wirken bei hohen Temperaturen als Rekombinationszentren, weil die Einfangquerschnitte für Elektronen und Löcher sich wenig unterscheiden ($\tau_n \approx \tau_p$). Bei Temperaturerniedrigung verringern sich die Einfangquerschnitte der Niveaus Cu^-, Ni^-, Au^-, Fe^-, Co^- und Ag^- für Elektronen stark, für Löcher dagegen steigen sie an. Bei tiefen Temperaturen wirken diese Zentren in n-Germanium als Haftstellen, es kann $\tau_n = 10^3 \ldots 10^6 \cdot \tau_p$ sein. In p-Germanium wirkt bei tiefen Temperaturen Tellur als Haftstelle ($\tau_p > \tau_n$). Einige Zahlenwerte sind in Tabelle 8.3 zusammengestellt. Bezüglich der Konstanten der bei hohen Überschußträgerkonzentrationen wirksamen direkten Rekombinationsmechanismen siehe Tabelle 7.2.

Tabelle 8.3. Einfangquerschnitte von atomaren Störstellen in Germanium und Silizium [134]. Der obere Index bezeichnet den Ladungszustand. Alle Angaben in Einheiten 10^{-16} cm². Für ausführliche Daten bei tiefen Temperaturen siehe vor allem [47]

Germanium			
Au: $S_n^0 = 1$	$S_n^- = 2$	$S_p^= = 100$	
Cu: $S_n^- = 0{,}5$	$S_n^= = 0{,}36$	$S_p^= = 0{,}04$,	$S_p^\equiv = 1$
Zn: $S_n^- = 3 \cdot 10^{-5}$			
Ni: $S_n^0 = 1$	$S_n^- = 6$	$S_p^= = 100$	
Fe: $S_n^0 = 10$	$S_p^- = 30$	$S_p^= = 100$	
Co: $S_n^0 = 10$	$S_p^= = 100$		
Ag: $S_n^0 = 0{,}6$	$S_n^- = 1$	$S_p^= = 50$	
Silizium			
Au: $S_n^+ = 30$	$S_n^0 = 5$	$S_p^0 = 20$	$S_p^- = 10$
Fe: $S_n^+ > 10$	$S_p^0 = 3$		

(4) Zur Herstellung von Eigenphotoleitungsdetektoren für das nahe Infrarot geeignete Halbleiter sind ferner Indiumarsenid ($\lambda_{max} = 2{,}7\ \mu m$ bei $T = 77$ K), PbS ($\lambda_{max} = 2{,}5\ \mu m$ bei $T = 300$ K, $\lambda_{max} = 3{,}2\ \mu m$ bei 77 K), PbSe, InSb ($\lambda_{max} = 5{,}5\ \mu m$ bei $T = 77$ K) und Tellur ($\lambda_{max} = 3{,}3\ \mu m$ bei $T = 77$ K). Aus InAs, InSb und Tellur können nahezu umgebungsstrahlungsbegrenzte Detektoren (siehe dazu Abschnitt 9.1.) hergestellt werden, jedoch nur bei einer Betriebstemperatur von 77 K. Abbildung 8.4 gibt eine Übersicht über die spektrale Nachweisempfindlichkeit der wichtigsten Infrarot-Halbleiterdetektoren.

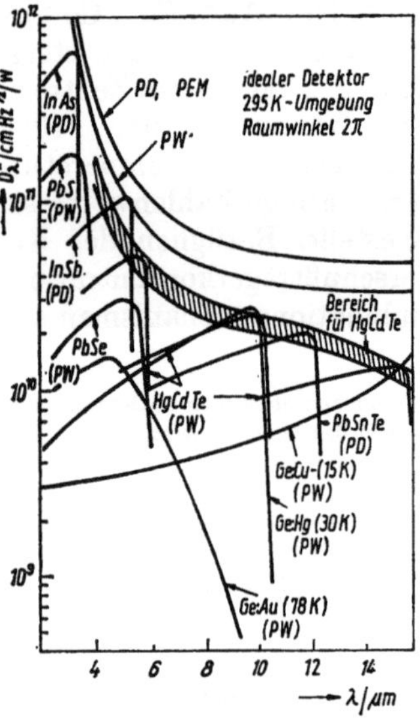

Abb. 8.4.
Spektrale Nachweisempfindlichkeit von Infrarotempfängern

8.3. Halbleiter mit schmaler verbotener Zone

Photowiderstände und Photodioden aus Halbleitern mit schmaler verbotener Zone stellen eine moderne Alternative zu den Störstellenphotoleitungsdetektoren dar. Während mit Ge:Au, Ge:Hg, Ge:Cu und Ge:Zn eine relativ begrenzte Auswahl an Ionisierungsenergien und damit spektralen Empfindlichkeiten zur Verfügung steht, existieren mit den Mischhalbleitern wie $Hg_{1-x}Cd_xTe$, $Pb_{1-x}Sn_xTe$ und $Pb_{1-x}Sn_xSe$ ($0 \leqq x \leqq 1$) Substanzen, bei denen E_g durch Vorgabe von x innerhalb materialspezifischer Grenzen auf jeden gewünschten Wert eingestellt werden kann [135]. Damit kann als Wirkprinzip für Photowiderstände im mittleren Infrarot die Eigenphotoleitfähigkeit angewendet werden. Die Absorptionskoeffizienten K für Interbandanregung betragen 10^4 bis $10^5\,cm^{-1}$ gegenüber typischen Werten von 0,1 bis $10^2\,cm^{-1}$ bei Störstellenabsorption. Im Strahlungsempfänger muß zur Erzielung einer großen effektiven Quantenausbeute η_{eff} (siehe (3.36)) das Produkt $Kd \geqq 1$ gewählt werden. Nach (9.6) erreicht der Photowiderstand mit Interbandanregung wegen des größeren Absorptionskoeffizienten K die gleiche Nachweisempfindlichkeit wie der Photowiderstand mit Störstellenanregung bei wesentlich größerer Ladungsträgerkonzentration. Das bedeutet praktisch eine höhere zulässige Betriebstemperatur und geringere Impedanzpegel (kleinere RC-Zeitkonstante), Laufzeiteffekte des Lichts sind unwesentlich. $Hg_{1-x}Cd_xTe$-Photowiderstände und Photodioden aus $Hg_{0,8}Cd_{0,2}Te$ bzw. $Pb_{0,8}Sn_{0,2}Te$ erreichen bei $T = 77$ K und $\lambda = 10\,\mu m$ Nachweisempfindlichkeiten $\mathfrak{D}_\lambda^* > 10^{10}$ cm $Hz^{1/2}\,W^{-1}$, das heißt Werte, die mit Störstellenphotoleitungsdetektoren aus Ge:Hg nur bei Kühlung unter $T = 30$ K, das heißt mit flüssigem Wasserstoff, Neon oder Helium erreicht werden. Die Anwendung der amphoter dotierbaren Halbleiter $Pb_{1-x}Sn_xTe$ und $Hg_{1-x}Cd_xTe$ bietet den weiteren Vorteil, daß man für den Wellenlängenbereich bis etwa 40 µm Photodioden herstellen kann. Mit derartigen Dioden für $\lambda = 10\,\mu m$ wurden elektrische Bandbreiten bis 1 GHz erreicht. Halbleiter mit schmaler verbotener Zone sind unter den Elementen beziehungsweise Verbindungen von Elementen mit hoher Kernladungszahl anzutreffen. Dies wird zum Beispiel durch die Reihe Diamant ($E_g = 5{,}4$ eV), Silizium (1,12 eV), Germanium (0,68 eV), α-Zinn ($E_g < 0$, Halbmetall) demonstriert und kann als Wirkung relativistischer Effekte quantenmechanisch erklärt werden. Die genannten Systeme können als quasibinäre Verbindungshalbleiter HgTe-CdTe, PbTe-SnTe usw. mit beliebig einstellbarem Mischungsverhältnis x aufgefaßt werden. Abbildung 8.5 zeigt die Abhängigkeit $E_g(x)$ für die drei

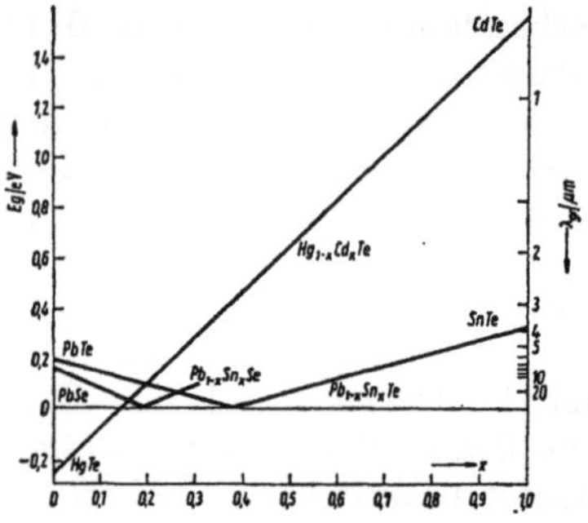

Abb. 8.5. x-Abhängigkeit der Breite der verbotenen Zone für die Halbleiter mit schmaler verbotener Zone $Hg_{1-x}Cd_xTe$, $Pb_{1-x}Sn_xTe$, $Pb_{1-x}Sn_xSe$ bei $T = 77$ K. $E_g < 0$ bedeutet Halbmetall. Die Ordinate rechts gibt die Grenzwellenlänge für den inneren Photoeffekt nach (1.3) an

diskutierten Mischkristallsysteme. In allen drei Fällen handelt es sich um direkte Halbleiter. Die Rekombination der Nichtgleichgewichtsträger erfolgt in $Hg_{1-x}Cd_xTe$ bei $T > 100$ K durch AUGER-Prozesse, in weniger perfekten Proben über Zentren. Für $T = 77$ K, $x = 0{,}195$, das heißt $E_g = 0{,}09$ eV und $n_i = 7 \cdot 10^{13}$ cm^{-3}, wird $\tau_{ai} = 4 \cdot 10^{-5}$ s. Erst bei $T < 60$ K kann in eigenleitendem Material (das gegenwärtig noch nicht sicher beherrscht wird) strahlende Rekombination wichtig werden [128]. In den Bleisalzen gilt wegen der annähernd gleich großen effektiven Massen von Elektronen und Löchern (5.26), es ist also eine zusätzliche Aktivierungsenergie erforderlich. Damit wird die AUGER-Rekombination bei gleichem E_g unwahrscheinlicher als in HgCdTe [137]. Für die stark anisotrope Vieltal-Bandstruktur von PbSnTe ($m_{\|}/m_{\perp}=10$) ist von EMTAGE [136] eine Reduzierung der Schwellenergie berechnet worden, so daß in diesem Material die AUGER-Rekombination mit der in HgCdTe vergleichbar sein sollte. In gestörten Kristallen überwiegt Rekombination über Zentren [138] [139]. Nur in sehr reinen Proben kann die strahlende Rekombination dominieren.

Eine interessante und bisher experimentell noch unbeantwortete Frage ist die nach den Rekombinationsprozessen bei gegen Null strebendem E_g. Prinzipiell ist zu erwarten, daß dabei die Eigenrekombination überwiegt (strahlende Band–Band-Rekombination, AUGER-Rekombination). Für die Bandstruktur von $Hg_{1-x}Cd_xTe$ ist folgendes Verhalten zu erwarten [140]

$$\tau_{st} \sim T^{2,3} E_g^{-2} \exp\left(E_g/kT\right), \tag{8.2}$$

$$\tau_{at} \sim (E_g)^{1/2} (kT)^{-3/2} \exp\left(E_g/kT\right). \tag{8.3}$$

Für den Fall, daß E_g mit der Energie der energiereichsten Phononen vergleichbar wird, ist auch direkte Phononenrekombination diskutiert worden [141]. Die Rekombinationslebensdauer sollte dann von gleicher Größenordnung wie die Stoßzeit werden. In [114] wurde an Pb Sn Te für $E_g(T) \to 0$ eine starke Abnahme der quasistationären Lebensdauer beobachtet, die in diesem Sinne gedeutet wurde.

9. Photoelektrische Halbleiterbauelemente

Durch Licht steuerbare Halbleiterbauelemente dienen als Sonderbauelemente zur Informationsgewinnung. Das große Spektrum der Anwendungen erklärt die Vielfalt der Realisierungsformen von Halbleiterstrahlungsempfängern. Diese beruhen fast ausschließlich auf dem Wirkprinzip des inneren Photoeffekts. In Abgrenzung gegen die thermischen Strahlungsempfänger werden derartige Empfänger häufig als Quantendetektoren bezeichnet. Für die erreichbaren Leistungsparameter der Bauelemente sind die Eigenschaften der Materialien (Tab. 8.1) ausschlaggebend. Für den Vergleich verschiedener Typen von Strahlungsempfängern sind Kenngrößen und Meßvorschriften zu deren Bestimmung ausgearbeitet worden, die das Leistungsvermögen des Detektors im System: Informationsträger elektromagnetische Strahlung – optisches Übertragungsmedium – Nachweisgerät kennzeichnen. Zur Kennzeichnung von Detektoren sind wichtig:

- die spektrale Empfindlichkeit (Spannungs- bzw. Stromempfindlichkeit) und die kleinste nachweisbare Strahlungsleistung (Rauschäquivalentleistung bzw. Nachweisempfindlichkeit), dabei sind wesentlich Möglichkeiten zur Erhöhung der Empfindlichkeit und des Signal-Rausch-Verhältnisses durch innere Verstärkung,
- die Ansprechgeschwindigkeit (Zeitkonstante) bzw. Signalbandbreite,
- applikative Aspekte (Empfängerfläche, Innenwiderstand, Betriebstemperatur, Versorgungsspannung, Dynamikbereich, Integrationsfähigkeit),
- technologische Aspekte (Massenfertigung, z. B. durch Epitaxie-Planartechnik oder Dünnschichttechnik),
- ökonomische Aspekte (benötigte Stückzahl, Ausbeute im Produktionsprozeß, Preis, Rohstoffkosten).

9.1. *Kenngrößen von Halbleiter-Strahlungsempfängern*

Die spektrale Empfindlichkeit eines Detektors wird beschrieben durch den Quotienten aus Signalspannung ΔU_s und auffallender Strahlungsleistung ΔN der Wellenlänge λ, die spektrale Spannungsempfindlichkeit

$$\mathfrak{R}_U(\lambda) = \frac{\Delta U_s}{\Delta N}\,. \tag{9.1}$$

Daneben wird die Stromempfindlichkeit $\mathfrak{R}_i = \mathfrak{R}_U/R$ betrachtet (R – Dunkelwiderstand oder Widerstand im Arbeitspunkt), diese ist das Verhältnis von Photostrom und auffallender Strahlungsleistung. Für spezielle Zwecke wird die auf den Empfänger fallende Strahlungsleistung entsprechend der spektralen Empfindlichkeit des menschlichen Auges bewertet und eine integrale Empfindlichkeit in A/lumen angegeben. Die Wellenlängenabhängigkeit der Empfindlichkeit eines Quantendetektors ist bestimmt durch drei Faktoren:

$$\mathfrak{R}_I(\lambda) = e\eta_{\text{eff}} \frac{1}{\hbar\omega} C\,. \qquad (9.2)$$

Die effektive Quantenausbeute nach (3.36) erfaßt die Verluste an der Phasengrenze optisches Medium – Photoleiter (Reflexionsvermögen R_λ), die innere Quantenausbeute η, sowie den Grad der Umsetzung der Strahlungsenergie auf der für die Trägererzeugung zur Verfügung stehenden Weglänge d. Die spezifische Wellenlängenabhängigkeit des Absorptionskoeffizienten für Interbandübergänge (1.16) bzw. für Anregung aus Störstellen (1.17) mit einer langwelligen Grenze $\lambda_{\text{gr}} = hc/E_{\text{akt}}$ (siehe (1.13)) überträgt dieses Verhalten auf die Größe η_{eff} und damit auf $\mathfrak{R}(\lambda)$. Der Faktor $1/\hbar\omega$ tritt auf, weil die Empfindlichkeit nach (9.1) auf die Strahlungsleistung $N = Q_0\hbar\omega A$ (A – Empfängerfläche) bezogen wird, während die Signalspannung der Generationsrate und damit nach (1.12) der Quantenflußdichte Q_0 proportional ist. In den graphischen Darstellungen der spektralen Empfindlichkeit wie Abbildung 8.2 bewirkt dieser Faktor den Abfall zu kurzen Wellenlängen (sogenannte Quantengerade). In dem symbolischen Faktor $C \leqq 1$ in (9.2) ist eine bauelementespezifische (im allgemeinen geringe) Modifizierung der durch die erstgenannten Faktoren gegebenen Spektralfunktion zum Beispiel infolge von Rekombinationsverlusten erfaßt. Im Vergleich mit den weitgehend wellenlängenunabhängigen thermischen Strahlungsempfängern zeigen Quantendetektoren also eine materialspezifische Selektivität. Die Größen $\mathfrak{R}_U$ und $\mathfrak{R}_I$ charakterisieren die Empfindlichkeit eines Detektors unabhängig vom Signalpegel. Für Detektoren, die für den Nachweis geringer Strahlungsleistungen, besonders im infraroten Spektralbereich vorgesehen sind, wird die Signalgröße mit der Rauschspannung U_R bzw. dem Rauschstrom I_R am Detektor verglichen. Dazu führt man die Begriffe Rauschäquivalentleistung NEP und Nachweisempfindlichkeit bzw. Detektivität $\mathfrak{D}$ ein:

$$\mathfrak{D}(\lambda) = \frac{1}{\mathrm{NEP}} = \frac{\mathfrak{R}_U}{U_R} = \frac{\mathfrak{R}_I}{I_R}. \tag{9.3}$$

Die Rauschäquivalentleistung eines Empfängers ist diejenige Strahlungsleistung, die auf den Empfänger fallen muß, damit das Signal-Rausch-Verhältnis gleich Eins wird. Da für übliche Empfänger die Rauschspannung proportional zu $A^{1/2}$ (A – Empfängerfläche) und $\Delta f^{1/2}$ ist (Δf – Bandbreite), gewinnt man durch Reduktion auf 1 Hz Bandbreite und 1 cm² Empfängerfläche als allgemeinere Gütezahl die spezifische Nachweisempfindlichkeit $\mathfrak{D}^*(\lambda)$:

$$\mathfrak{D}^*(\lambda) = \frac{\mathfrak{R}_U}{U_R} A^{1/2} \Delta f^{1/2}. \tag{9.4}$$

Wegen der Frequenzabhängigkeit der Signal- und der Rauschspannung muß zur vollständigen Charakterisierung die Modulationsfrequenz angegeben werden, zum Beispiel $\mathfrak{D}^*$ (10,6 µm, 800 Hz). Erfolgt die Messung der Empfindlichkeit mit schwarzer Strahlung, wird die Nachweisempfindlichkeit ebenfalls für diese Meßbedingungen angegeben, als Parameter tritt die Temperatur des schwarzen Strahlers auf, zum Beispiel $\mathfrak{D}^*$ (500 K, 800 Hz). Weitere Kenngrößen diskutiert JONES [142].

Aussagen über die Nachweisempfindlichkeit eines Strahlungsempfängers erfordern eine Analyse der Rauschquellen. Bei Photowiderstand und Photodiode sind dies im wesentlichen der Dunkelstrom und der durch die

Hintergrundstrahlung hervorgerufene Photostrom. Der Dunkelstrom ist in beiden Fällen stark temperaturabhängig, er kann deshalb durch eine Senkung der Arbeitstemperatur des Empfängers herabgesetzt werden. Bei der Hintergrundstrahlung handelt es sich im allgemeinen um schwarze Strahlung, die für $T = 300$ K ihr Maximum bei $\lambda = 10\ \mu$m hat.

Als umgebungsstrahlungsbegrenzte („ideale") Empfänger werden solche Detektoren bezeichnet, bei denen für einen Öffnungswinkel 2π, der dem Strahlungsempfang aus dem Halbraum entspricht, das Rauschen des durch die Umgebungsstrahlung hervorgerufenen Photostroms gegenüber dem Rauschen des Dunkelstroms überwiegt. Eine ganze Reihe von Halbleitern wird heute so weit beherrscht, daß aus ihnen umgebungsstrahlungsbegrenzte Detektoren hergestellt werden können. Ob und wie tief dazu die Betriebstemperatur gesenkt werden muß, ist eine Frage der Materialperfektion, des ausgenutzten Generationsmechanismus und des Spektralbereichs. Die Nachweisempfindlichkeit idealer Detektoren ist in Abbildung 8.4 als Grenzkurve eingetragen. Die Grenzkurven für photovoltaische und Photoleitungsdetektoren unterscheiden sich um den Faktor $\sqrt{2}$. Darin kommt zum Ausdruck, daß bei der Photodiode zwar die Generation eines Trägers in der Raumladungszone (bzw. eines Minoritätsträgers in den Bahngebieten) ein stochastischer Prozeß ist, daß jedoch das Verschwinden dieser Träger deterministisch mit ihrer Erzeugung über die Laufzeit verbunden ist. Beim Photowiderstand ist die Zahl der statistisch voneinander unabhängigen Ereignisse (Gesamtzahl der Generations- und Rekombinationsakte) doppelt so groß wie bei der Photodiode, die Schwankungserscheinungen sind daher um den Faktor $\sqrt{2}$ stärker.

Die Nachweisempfindlichkeit eines umgebungsstrahlungsbegrenzten Detektors kann durch Einengung des Gesichtsfeldes mittels gekühlter Blenden weiter erhöht werden, bis die Umgebungsstrahlungsbegrenzung aufgehoben ist. Bei Empfängern, die für den Nachweis von Strahlung aus einem kleinen Raumwinkel, zum Beispiel Laserstrahlung, vorgesehen sind, ist dies immer zulässig.

9.2. Photowiderstände

Photowiderstände, also Photoleitungsdetektoren im engeren Sinne des Wortes, werden angewendet, wenn große Empfängerflächen und geringe Kosten erwünscht sind. Die Grenzfrequenz ist im allgemeinen geringer als bei Photodioden. Der Dunkelstrom kann bei Halbleitern mit großem E_g sehr gering sein, in Halbleitern mit kleinem E_g haben Photowiderstände gegenüber Photodioden größere Dunkelströme. Photowiderstände nutzen die Änderung der Leitfähigkeit eines Halbleiters bei Interbandanregung (Eigenphotoleitfähigkeit) oder bei Anregung aus Störstellen aus. Wegen der bei Interbandabsorption größeren Absorptionskoeffizienten sind Eigenphotoleitungsdetektoren den Störstellenphotoleitungsdetektoren prinzipiell überlegen.

Das Zeitverhalten eines Photoleitungsdetektors ist gewöhnlich bestimmt durch die Lebensdauer der Majoritätsträger τ. Innerhalb des Linearitätsbereichs (schwache Anregung!) klingt der Photostrom bei rechteckförmiger Anregung nach Exponentialgesetzen an und ab. (Siehe (2.20).) Als Zeitkonstante wird mitunter nicht τ, sondern die Zeit für den Abfall des Signals von 90 auf 10% angegeben ($2{,}2\,\tau$). Bei sinusförmiger Modulation der Strahlung ist die Abhängigkeit der Empfindlichkeit von der Modulationsfrequenz sinngemäß durch (2.21) gegeben.

(1) Eigenphotoleitungsdetektoren. Für einen Photowiderstand (Abb. 3.2) erhalten wir bei Leistungsanpassung an den Lastwiderstand, schwacher Anregung, vernachlässigbarer Leitfähigkeitserhöhung durch die Umgebungsstrahlung und vernachlässigbarer Oberflächen-

rekombination aus (3.28), (3.31) und (3.36):

$$\mathfrak{R}_U^W = \frac{\eta_{\text{eff}}\,(\mu_n\tau_n + \mu_p\tau_p)}{Ad\hbar\omega\,(\mu_n n_0 + \mu_p p_0)}\,\frac{U_B}{4} \tag{9.5}$$

(A – Empfängerfläche, d – Dicke des Photoleiters, n_0, p_0 – Gleichgewichtskonzentrationen, U_B – Betriebsspannung). Für n-Halbleiter mit $\tau_n \gg \tau_p$ wie CdS vereinfacht sich (9.5) zu

$$\mathfrak{R}_W^U = \frac{\eta_{\text{eff}}}{\hbar\omega Ad}\,\frac{\tau_n}{n_0}\,\frac{U_B}{4}\,. \tag{9.6}$$

Eine hohe Spannungsempfindlichkeit des Photowiderstands wird erreicht durch geringes Volumen (Ad), geringe Dunkelleitfähigkeit (n_0) und eine große Majoritätsträgerlebensdauer. Haften der Minoritätsträger (siehe Abschnitt 2.2.4.) wie in CdS begünstigt eine hohe Empfindlichkeit. Um das zu zeigen, betrachten wir die Stromempfindlichkeit. Diese kann unter den für (9.6) gemachten Annahmen wie folgt geschrieben werden:

$$\mathfrak{R}_I^W = \frac{1}{2}\,\frac{e\eta_{\text{eff}}}{\hbar\omega}\,\frac{\tau_n}{t_{\text{tr}}}\,, \tag{9.7}$$

$t_{\text{tr}} = l^2/\mu_n(U_B/2)$ ist die Laufzeit der Träger durch den Widerstand der Länge l in Feldrichtung. Man kann $e\eta_{\text{eff}}\,I/\hbar\omega$ als Dichte des primären Photostroms auffassen und bezeichnet dann $G = \tau_n/t_{\text{tr}}$ als „Photostromverstärkung". Die Größe G gibt an, wie viele Elektronen pro primär erzeugtes Elektron–Loch-Paar durch den Photoleiter fließen. Das primär angeregte Photoelektron verläßt zwar innerhalb t_{tr} den Halbleiter an einem Kontakt, aus Gründen der Ladungsneutralität muß jedoch das in einer Haftstelle gebundene Loch solange wieder durch ein Elektron aus dem anderen Kontakt ergänzt werden, bis das Loch rekombiniert. Der Faktor 1/2 rührt von der Anpassung der Last an den Photowiderstand her. Die maximal erreichbare Photostromverstärkung wird begrenzt durch Raumladungseffekte ($t_{\text{tr min}} = \tau_M = \varepsilon_r\varepsilon_0/\sigma$ – MAXWELLsche Relaxationszeit) oder durch die Laufzeit der Träger infolge ihrer endlichen Sättigungsdriftgeschwindigkeit ($t_{\mathrm{tr\,min}} = l/v_{\mathrm{Dmax}}$ mit $v_{\mathrm{Dmax}} \approx 10^7$ cm/s). In CdS-Photowiderständen werden G-Werte bis zu 10^5 erreicht.

Es muß darauf hingewiesen werden, daß eine hohe Photostromverstärkung durch eine hohe Lebensdauer und damit eine große Zeitkonstante des Elements erkauft wird. Die innere Verstärkung um den Faktor G bietet andererseits den wichtigen Vorteil, daß ein hoher Signalpegel erreicht wird, bevor das elektrische Signal am Detektorausgang durch (ebenfalls rauschende) Verstärker weiterverarbeitet wird. Andere innere Verstärkungsmechanismen sind in Lawinen-Photodioden und Phototransistoren wirksam (Abschnitt 9.4.). Bezüglich geeigneter Materialien zur Herstellung empfindlicher Photowiderstände sei auf Abschnitt 8. verwiesen.

(2) Störstellen-Photoleitungsdetektoren. Hochempfindliche Photoleitungsdetektoren erfordern wegen der umgekehrten Proportionalität zwischen $\mathfrak{R}_U$ und d kleine Schichtdicken. Während bei Interbandanregung der Absorptionskoeffizient in direkten Halbleitern bereits dicht oberhalb der Absorptionskante Werte von 10^3 bis $10^4\,\mathrm{cm}^{-1}$ erreicht, so daß Schichtdicken von wenigen µm zur Erzielung von effektiven Quantenausbeuten nahe Eins ausreichen, ist die Ausläuferabsorption von Störstellen ein schwacher Absorptionsprozeß. Mit typischen Absorptionskoeffizienten $K = 1$ bis $100\,\mathrm{cm}^{-1}$ erfordern Störstellenphotoleitungsdetektoren (siehe Abschnitt 2.4.) zur Erzielung einer brauchbaren effektiven Quantenausbeute optische Weglängen der Größenordnung mm. Für den Fall homogener Anregung ($Kd \ll 1$) und einen p-Halbleiter schreibt sich (9.6) wie folgt:

$$\mathfrak{R}_U^W = \frac{\eta\,(1 - R_\lambda)\,K\tau_p}{\hbar\omega A p_0}\,\frac{U_\mathrm{B}}{4}\,. \qquad (9.8)$$

Bei überwiegendem Generations-Rekombinations-Rauschen wird die Nachweisempfindlichkeit

$$\mathfrak{D}^*(\lambda) = \frac{K}{2\hbar\omega}\,\eta\,(1 - R_\lambda)\left(\frac{\tau_p d}{p_0}\right)^{1/2}. \qquad (9.9)$$

Tabelle 9.1. Eigenschaften von Photoleitungsdetektoren

Material	T_{max}[1]	Arbeits-temperatur	λ_{max}	$\lambda_{50\%}$	typischer Widerstand	$\mathfrak{D}^*_{max}$	typische Zeitkonstanten
	K	K	µm	µm	Ω	cm $Hz^{1/2}$ W^{-1}	s
ZnS		300	0,34	0,35			
CdS		300	0,50	0,52	bis 10^{10}	$3{,}5 \cdot 10^{14}$	10^{-2}–10^{-1}
CdSe		300	0,70	0,72		$2 \cdot 10^{11}$	10^{-2}
Tl_2S		300	0,9	1,1	$10^5 \ldots 2 \cdot 10^7$	$2 \cdot 10^{12}$	$5 \cdot 10^{-4}$
PbS		295	2,5	2,8	$5 \cdot 10^5$	10^{11}	$5 \cdot 10^{-5}$–$5 \cdot 10^{-4}$
PbSe		195	4,5	5,0	10^6–10^7	$3 \cdot 10^{10}$	$3 \cdot 10^{-6}$
InAs		195	3,3	3,6	$5 \cdot 10^3 \ldots 10^4$	$3 \cdot 10^{11}$	$5 \cdot 10^{-7}$
InSb	110	77	5,3	5,6	$10^3 \ldots 10^4$	$1 \cdot 10^{11}$	$5 \cdot 10^{-6}$
		300	6,5	7,3		$4 \cdot 10^7$	$2 \cdot 10^{-7}$
Te		77	3,5	3,8	$2 \cdot 10^3$	$6 \cdot 10^{10}$	$6 \cdot 10^{-5}$
Ge: Au (Sb)	60	77	6	9	10^6	$6 \cdot 10^9$	10^{-9}
Ge: Hg (Sb)	35	4,2	11	14	10^4–10^5	$4 \cdot 10^{10}$	10^{-9}
Ge: Cu (Sb)	17	4,2	23	27	$2 \cdot 10^5$	$2 \cdot 10^{10}$	$2 \cdot 10^{-9}$
$Hg_{0,8}Cd_{0,2}Te$		77	12	14	$20 \ldots 400$	$6 \cdot 10^{10}$	10^{-6}

[1] Maximale Temperatur für umgebungsstrahlungsbegrenzten Betrieb

Die Löcherkonzentration muß also so klein wie möglich gewählt werden. Dazu muß die Arbeitstemperatur so eingestellt werden, daß eine thermische Ionisierung der Störstellen vermieden wird. Als empirische Regel kann man die Abschätzung $kT \leqq \Delta E_A/20$ ansehen. Daraus resultieren die im Abschnitt 8.3. angegebenen ungünstigeren Betriebstemperaturen der Störstellen-Photoleitungsdetektoren gegenüber Eigen-Photoleitungsdetektoren für die gleiche Wellenlänge.

Die Zeitkonstante eines Störstellen-Photoleitungsdetektors ist gegeben durch die Konzentration N und den Einfangquerschnitt S der ionisierten aktiven Störstellen, zum Beispiel in Ge:Hg durch die entsprechenden Größen des Hg^--Zentrums für Löcher:

$$\tau_p = 1/N_{Hg^-} S_{Hg^-} v_p \tag{9.10}$$

(v_p – thermische Geschwindigkeit der Löcher). Die Kompensationsdotierung mit flachen Donatoren (siehe Abschnitt 8.2.) erhöht N_{Hg^-} und verringert deshalb die Zeitkonstante des Empfängers.

Bezüglich der Empfindlichkeit des Detektors ist ein Kompromiß nötig, da die Zusatzdotierung gleichzeitig die Zahl der neutralen Zentren verringert, die zur Lichtabsorption beitragen, wodurch die effektive Quantenausbeute sinkt. Tabelle 9.1 gibt eine Übersicht über Eigenschaften von Photoleitungsdetektoren (Interbandanregung und Störstellenanregung) in verschiedenen Spektralbereichen.

9.3. *Photodioden*

(1) Halbleiter-Photodioden lassen sich für den Wellenlängenbereich von 0,1 μm bis ca. 40 μm herstellen. Gegenüber den Vakuumphotodioden, die nur im Spektralbereich $\lambda < 1{,}2$ μm arbeiten, bieten sie folgende Vorteile:

– höhere Quantenausbeute,
– Anwendung als Infrarotempfänger,

- geringere Kosten durch Anwendung der hochproduktiven Halbleitertechnologien,
- kleineres Volumen und Erschütterungsunempfindlichkeit,
- geringere erforderliche Vorspannungen (Betrieb als Photoelement möglich).

Die Vakuum-Photodiode dagegen wird besonders in der Konstruktionsform als Sekundärelektronenvervielfacher, also mit innerer Verstärkung, für Strahlung mit $\lambda \lessapprox 1\ \mu m$ eingesetzt, wenn eine geringe Rauschäquivalentleistung und hohe Grenzfrequenzen erwünscht sind. Gegenüber Photowiderständen haben Photodioden im allgemeinen eine höhere Grenzfrequenz, der Dunkelstrom ist wesentlich geringer.

Bei der Anwendung von Photodioden ist zu unterscheiden zwischen der Betriebsart als Photodiode (im engeren Sinne) und der Betriebsart als Photoelement. Die Photodiode im engeren Sinne wirkt als durch das auffallende Licht gesteuerter Widerstand (gesperrter *pn*-Übergang), das heißt als Stromquelle. Im Ersatzschaltbild der Photodiode nach Abbildung 9.1 bedeuten

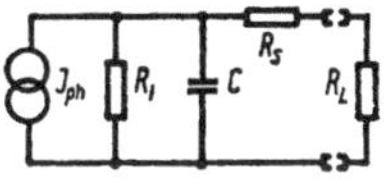

Abb. 9.1.
Stromquellenersatzschaltbild einer Photodiode

R_i den Widerstand der unbelichteten Sperrschicht, R_s den Reihenwiderstand (Bahngebiete, Kontakte) und C die Kapazität der Diode.

Die Photoströme in belichteten *pn*-Übergängen haben wir bereits im Abschnitt 4.2. berechnet. Dort haben wir auch gezeigt, daß die Photodiode mit Einstrahlung in Richtung des Dotierungsgradienten (Abb. 4.4) günstigere Eigenschaften hat. Die übliche Planarstruktur zeigt Abbildung 9.2a. Nur für $\hbar\omega \gtrapprox E_g$, das heißt bei großen Eindringtiefen der Strahlung, kann auch Einstrahlung parallel zur Ebene des *pn*-Übergangs (Abb. 4.3) günstig sein [Z 6].

Wir haben zwei Anteile des Photostroms unterschieden:

– den Driftstrom der in der Raumladungszone angeregten und in dem dort bestehenden elektrischen Feld getrennten Elektron–Loch-Paare (4.22),
– den Diffusionsstrom von Minoritätsträgern, die in den Bahngebieten in Entfernungen bis zu einigen Diffusionslängen von der Raumladungszone durch das Licht erzeugt werden ((4.21) bzw. (4.23)).

Das Zeitverhalten einer Photodiode wird dementsprechend bestimmt durch

– die Diffusion der in den Bahngebieten angeregten Minoritätsträger zur Raumladungszone,
– die Driftzeit der Träger durch die Raumladungszone,
– die *RC*-Zeitkonstante der mit einem Lastwiderstand beschalteten Diode.

In Dioden mit weiter Raumladungszone ($KW_\varrho \gtrsim 1$) wird die Strahlung vorzugsweise in der Raumladungszone umgesetzt, der Driftanteil des Photostroms überwiegt gegenüber dem Diffusionsanteil, die zweite Klammer in (4.24) wird gleich Eins. Dies ist günstig für das Erreichen einer hohen Grenzfrequenz, da die Diffusion der Minoritätsträger zur Raumladungszone der langsamere Prozeß ist. Die Stromempfindlichkeit einer solchen idealen Photodiode wird mit (3.36) und (4.24)

$$\mathfrak{R}_\mathrm{I}^D = \frac{e\eta_\mathrm{eff}}{\hbar\omega}; \tag{9.11}$$

für $\eta_\mathrm{eff} = 1$ beträgt sie bei $\lambda = 1\ \mu\mathrm{m}$ $\mathfrak{R}_\mathrm{I} = 1$ A/W. Um $\eta_\mathrm{eff} = 1$ näherungsweise zu erreichen, muß eine reflexionsmindernde Vergütungsschicht auf die Diode aufgebracht werden. Bei überwiegendem Rauschen des Sperrstroms ist die Nachweisempfindlichkeit gegeben durch

$$\mathfrak{D}_\mathrm{D}^* = \frac{\eta_\mathrm{eff}}{\sqrt{2}\hbar\omega}\left(\frac{e}{j_\mathrm{s}}\right)^{1/2}, \tag{9.12}$$

wobei j_s die Sperrstromdichte ist (für Shockleyschen Fall siehe (4.17)).

(2) Als *pn*-Photodiode sei eine Diode mit enger Raumladungszone (Abschnitt 4.2. (3)) bezeichnet, in der die Absorption in den Bahngebieten erfolgt und der Diffusionsanteil des Photostroms überwiegt. Die zur Überwindung einer Strecke W durch Diffusion erforderliche Zeit ist nach (3.25) von der Größenordnung

$$t \approx \frac{W^2}{D_{\min}}, \tag{9.13}$$

wobei $D_{\min}$ der Diffusionskoeffizient der Minoritätsträger ist. Um eine hohe effektive Quantenausbeute zu erreichen, muß nach (4.21) $1/K < L$ gewählt werden, dann ist $W \approx 1/K$, und die Grenzfrequenz (Anstieg von 10 auf 90% zugrunde gelegt) wird

$$t_{\text{diff}} \approx 0{,}4\, K^2 D_{\min}\,. \tag{9.14}$$

Da für die wichtigsten Halbleiter $D_n > D_p$ ist, wird die Diode so konstruiert, daß die Strahlung auf die *p*-Seite auffällt. Ein durch einen Dotierungsgradienten im *p*-Gebiet eingebautes elektrisches Feld (siehe Abschnitt 4.1.) kann die Diffusion unterstützen und damit die Grenzfrequenz erhöhen.

(3) *pin*-Photodiode. Die Forderung nach weiten Raumladungszonen (ideale Photodiode) führt zur *pin*-Diode (Abb. 9.2b), in der sich die Raumladungszone völlig in einem (nahezu) eigenleitenden Bereich ausbildet. In diesem herrscht ein weitgehend örtlich konstantes starkes Driftfeld, in dem sich die Träger mit ihrer durch die Streuung begrenzten maximalen Driftgeschwindigkeit $v_{D\,\max}$ von der Größenordnung 10^7 cm/s bewegen.

Die *pin*-Photodiode ist die typische Photodiode mit Raumladungszone, da die Weite der Raumladungszone so eingestellt werden kann, daß sich der günstigste Kompromiß zwischen Empfindlichkeit (effektiver Quantenausbeute) und hoher Grenzfrequenz ergibt. Die Zeitkonstante der Diode ist gegeben durch die Driftzeit der Träger durch die Raumladungszone und die *RC*-

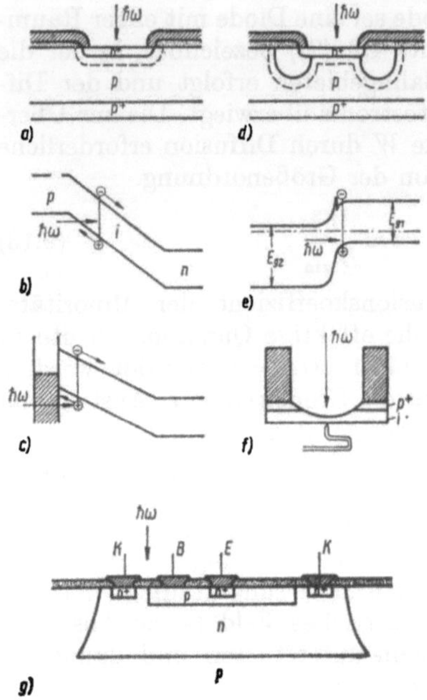

Abb. 9.2. Photodioden
a) planare Photodiode, b) Bändermodell einer *pin*-Photodiode, c) Bändermodell einer SHOTTKY-Diode, d) (Lawinen-)Photodiode mit Schutzringstruktur, e) Bändermodell einer Photodiode mit Heteroübergang $E_{g1} < \hbar\omega < E_{g2}$, f) Punktkontaktdiode, g) Phototransistor

Zeitkonstante. Falls der Reihenwiderstand gegenüber dem Lastwiderstand R_L vernachlässigt werden kann, wird mit $C = \frac{\varepsilon_r \varepsilon_0 A}{W_\varrho}$ (A – Diodenfläche)

$$\tau_D = \frac{W_\varrho}{v_{D_{max}}} + \frac{\varepsilon_r \varepsilon_0 A}{W_\varrho} R_L . \tag{9.15}$$

Die zur Erzielung einer hohen Grenzfrequenz optimale Weite der Raumladungszone ist

$$W_{\varrho_{min}} = \sqrt{v_{D_{max}} \varepsilon_r \varepsilon_0 A\, R_L} . \tag{9.16}$$

Die geforderte Weite der Raumladungszone wird durch die Dotierung und die Sperrvorspannung eingestellt.

Mit $v_{D_{max}} = 10^7$ cm/s, $\varepsilon_r = 11{,}7$ (Si), $A = 10^{-4}$ cm², $R_L = 50\ \Omega$ erhalten wir $W_{\varrho_{min}} = 2{,}2$ µm und damit als theoretische untere Grenze der Zeitkonstante einer Si-Photodiode $\tau_{D_{min}} = 44$ ps. Diese Abschätzung zeigt die Überlegenheit der Photodioden gegenüber den Photowiderständen. Für $W_\varrho < W_{\varrho_{min}}$ ist die Diode *RC*-begrenzt, für $W_\varrho > W_{\varrho_{min}}$ laufzeitbegrenzt. Größere Weiten der Raumladungszone sind insbesondere dann erforderlich, wenn K klein ist; so beträgt zum Beispiel für Silizium noch bei $\lambda = 0{,}6$ µm die Eindringtiefe der Strahlung $1/K = 2{,}2$ µm. Wie diese Überlegungen zeigen, kann die Konstruktion einer Photodiode jeweils nur für einen bestimmten Wellenlängenbereich optimal sein. Die Weite der Raumladungszone muß schließlich genau eingestellt werden, um die Weite der nicht verarmten Basisschicht und damit den Reihenwiderstand der Diode R_s gering halten zu können.

(4) Dioden mit SCHOTTKY-Barriere sind besonders im Kurzwelligen günstig, wenn infolge des dann hohen Absorptionskoeffizienten von Germanium und Silizium die Absorption in einer dünnen Oberflächenschicht erfolgt. Für $\hbar\omega > E_g$ (Abb. 9.2c) ist die Funktionsweise ähnlich der der *pin*-Diode. SCHOTTKY-Barrieren lassen sich auf größeren Flächen durch Aufdampfen homogen herstellen. Um eine große effektive Quantenausbeute zu erzielen, muß die Metall-Deckelektrode hinreichend dünn und durch eine dielektrische Schicht entspiegelt sein.

(5) Die Punktkontakt-Photodiode (Abb. 9.2f) erreicht durch ein extrem kleines aktives Gebiet geringe Driftzeiten und Kapazitäten und damit verbesserte *HF*-Eigenschaften. Die Anwendung ist auf solche Fälle beschränkt, in denen die Strahlung auf ein Gebiet von einigen µm Ausdehnung fokussiert werden kann.

(6) Photodioden mit Heteroübergängen. Bei der Anwendung von Heterodioden für den Strahlungsempfang

nutzt man gewöhnlich aus, daß der Halbleiter mit der breiteren verbotenen Zone E_{g2} für Strahlung mit mit $\hbar\omega < E_{g2}$ durchlässig ist, das heißt, ein sogenanntes Frontfenster bildet. Dies hat den Vorteil, daß die Umsetzung der Strahlung tief im Innern des Bauelements erfolgt, wo der Einfluß der Oberfläche gering ist. Bei Sonnenbatterien, die im Weltraum betrieben werden sollen, erhöht dies zum Beispiel wesentlich die Beständigkeit gegenüber energiereicher Strahlung. Ferner wird dadurch der Reihenwiderstand der Diode verringert und der Einfluß der Oberflächenrekombination auf den Photostrom herabgesetzt. Eine Generation erfolgt nur auf der dem Fenster abgewandten Seite des *pn*-Übergangs, dadurch kann die Generation von Minoritätsträgern in der Frontschicht und damit der Diffusionsanteil des Photostroms völlig unterdrückt werden (Abb. 9.2e). Die bei $\hbar\omega = E_{g2}$ scharf einsetzende Absorption im Frontfenster führt zu einer Spektralfunktion mit Bandpaßcharakter. Dies ist zum Beispiel erwünscht, wenn der durch kurzwellige Hintergrundstrahlung hervorgerufene Photostrom und dessen Rauschen unterdrückt werden sollen. Photodioden aus gradierten Halbleitern erreichen noch geringere Halbwertsbreiten der Spektralfunktion.

(7) Photoelemente. Die ohne Vorspannung, das heißt als Photoelement, betriebene Diode hat eine höhere Kapazität und einen größeren Leitwert als die negativ vorgespannte Diode. Andererseits ist das Schrotrauschen geringer. Dies kann vorteilhaft sein, wenn das $1/f$-Rauschen wesentlich ist wie in InSb-Photodioden. Die Linearität von Photoelementen ist wesentlich schlechter als die von Photodioden, die Photospannungs-Intensitäts-Kennlinie ist durch (4.26) gegeben.

Hauptsächliche Anwendung finden Photoelemente zur Energiegewinnung als Solarzellen und in solchen Fällen, in denen die Unabhängigkeit von einer Versorgungsspannung vorteilhaft ist.

(8) Silizium-Photodioden. Über die spektrale Emp-

findlichkeit von Halbleiterstrahlungsempfängern ist Grundsätzliches bereits im Abschnitt 9.1. gesagt worden. Eine Besonderheit von Silizium besteht darin, daß infolge der indirekten Übergänge der Absorptionskoeffizient zunächst relativ klein ist. Deshalb kann die spektrale Charakteristik einer Silizium-Photodiode sehr weitgehend beeinflußt werden durch die Struktur (Dotierungsprofil) und innerhalb geringerer Grenzen durch die Betriebsspannung. Eine Erhöhung der Empfindlichkeit im Langwelligen (für GaAs-LEDs und -Laser, besonders aber für YAG- und Neodymglaslaser) gelingt durch besonders große Weiten der Raumladungszone (Erhöhung der effektiven Quantenausbeute bei kleinen Absorptionskoeffizienten). Dazu ist hochohmiges Material erforderlich. Die in Abbildung 8.2 dargestellte Spektralfunktion Si – IR ($W_\varrho = 1$ mm) stellt einen Extremfall dar, der Unterschied zu dem Normaltyp ($W_\varrho = 10^{-3}$ cm) ist deutlich. Zur Erzielung einer hohen Empfindlichkeit von Photodioden im Kurzwelligen müssen die Frontfensterverluste (Faktor e^{-Kd_0}) durch eine möglichst geringe Frontfensterdicke, das heißt flache *pn*-Übergänge, gering gehalten werden. Dies ist durch Ionenimplantation realisierbar. Mit $d_0 = 0{,}2\ \mu$m wurde in Abbildung 8.2 dieser Fall vorausgesetzt. Diffundierte Dioden haben demgegenüber eine geringere Blauempfindlichkeit. Als V_λ-Empfänger wird ein Spektraltyp bezeichnet, dessen Empfindlichkeitskurve an die des menschlichen Auges angepaßt ist.

Linearität der Photostrom-Intensitäts-Charakteristik kann für diffundierte planare Si-Dioden mit Schutzring über 5 bis 9 Größenordnungen erreicht werden [143].

Falls Silizium und Germanium einsetzbar sind, ist Silizium günstiger: Man erreicht kleinere Reihenwiderstände wegen der größeren Löslichkeit der Dotanden und kleinere Kapazitäten wegen der geringeren Dielektrizitätskonstanten. Tabelle 9.2 gibt einen Überblick über Eigenschaften von Photodioden im sichtbaren und infraroten Spektralbereich.

Tabelle 9.2. Eigenschaften von Photodioden

Material	Arbeitstemperatur	Wellenlängenbereich	Reihenwiderstand R_s	Kapazität C	Quantenausbeute η bzw. Empfindlichkeit $\mathfrak{R}$	Zeitkonstante τ
	K	µm	Ω	pF	% bzw. V/W	s
Si $p-i-n$	300	0.4 – 1.2	< 1	3 bei –200 V	>90 bei 0,9 µm	$7 \cdot 10^{-9}$
Si n^+-p Lawin.-PD	300	0.4 – 1	6	0.8 bei –23 V	40	$130 \cdot 10^{-12}$ an 50 Ω
Ge $p-i-n$	77	1 – 1.65		3	60	$25 \cdot 10^{-9}$
Ge n^+-p Lawin.-PD	300	0.4 – 1.55	<10	0.8 bei –16 V	50	$120 \cdot 10^{-12}$
InAs $p-n$	77	0.5 – 3.5	12	3 bei –5 V	>25	$<10^{-6}$
InSb $p-n$	77	0.4 – 5.5	18	7.1 bei –0.2 V	>25	$5 \cdot 10^{-6}$
$Pb_{1-x}Sn_xTe$ ($x=0.16$)	77	9.5			60 bzw. 45 V/W	$\approx 10^{-9}$
$Pb_{1-x}Sn_xSe$ ($x=0.064$)	77	11.4			15 bzw. 35 V/W	$\approx 10^{-9}$
$Hg_{1-x}Cd_xTe$ ($x=0.17$)	77	15	3		10 – 30	$<3 \cdot 10^{-9}$

9.4. Photodioden mit innerer Verstärkung

Eine innere Photostromverstärkung ist bei der Photodiode möglich durch Ausnutzung des Transistoreffekts (Phototransistor, Photo-DARLINGTON-Transistor), des Thyristoreffekts (Photothyristor [Z 6]) sowie der Stoßionisation (Lawinen-Photodiode).

(1) Im Phototransistor (Abb. 9.2g) wird der durch das Licht im Kollektor-Basis-Übergang erzeugte primäre Photostrom um den Faktor β_T (Kurzschlußstromverstärkung in Emitterschaltung) erhöht. Im Vergleich mit der Stromempfindlichkeit der Photodiode kann die Stromempfindlichkeit des Phototransistors um den Faktor 100 höher sein.

$$\mathfrak{R}_{\mathrm{I}}^{\mathrm{PT}} = (1 + \beta_T) \frac{e\eta}{\hbar\omega} \tag{9.17}$$

(η-Quantenausbeute der Basis-Kollektor-Photodiode). Zwecks Erzielung eines hohen primären Photostroms muß der Transistor so konstruiert werden, daß das nachzuweisende Licht möglichst vollständig in der Raumladungszone des Kollektor-Basis-Übergangs und in beiderseitig angrenzenden Schichten mit Dicken, die klein gegen die jeweilige Minoritätsträgerdiffusionslänge sind, absorbiert wird.

Die Forderung nach hoher effektiver Quantenausbeute und hoher Stromverstärkung und die Forderung nach hoher Grenzfrequenz sind gegensätzlich. Für Silizium-Phototransistoren liegt ein günstiger Kompromiß bei 10 µs Schaltzeit und einem Photostrom von 1 bis 5 µA bei 1000 Lux Beleuchtungsstärke [144].

(2) Lawinen-Photodiode. In der Raumladungszone einer Lawinen-Photodiode wird ein so hohes elektrisches Feld eingestellt, daß die durch Lichtabsorption erzeugten und durch die Raumladungszone driftenden Ladungsträger aus diesem Feld eine hinreichende Energie aufnehmen können, um ihrerseits durch Stoß-

ionisation zusätzliche Elektron–Loch-Paare zu erzeugen. Die dadurch erreichte Verstärkung des Photostroms bzw. Erhöhung der Empfindlichkeit gegenüber dem durch (9.11) gegebenen Wert wird durch den Multiplikationsfaktor M beschrieben:

$$M = \frac{I_{\text{ph}}}{I_{\text{pho}}}, \tag{9.18}$$

wobei I_{pho} den Photostrom ohne Multiplikation und I_{ph} den Photostrom mit Multiplikation bedeuten. Die Stoßionisation wird durch den Stoßionisationskoeffizienten α beschrieben, der angibt, wieviele Elektron–Loch-Paare ein Träger pro cm zurückgelegter Wegstrecke erzeugt. Für eine vereinfachte Berechnung der Trägermultiplikation in einer Raumladungszone der Weite W_ϱ setzen wir $\alpha_n = \alpha_p = \alpha$. Entsprechend der Definition von α gilt in diesem Fall für die von Elektronen bzw. Löchern getragenen Teilströme

$$-\frac{\mathrm{d}I_n(x)}{\mathrm{d}x} = \alpha I; \quad +\frac{\mathrm{d}I_p(x)}{\mathrm{d}x} = \alpha I \tag{9.19}$$

$(I_n(x) + I_p(x) = I)$. Nehmen wir als Randbedingung an, daß bei $x = 0$ der Löcherstrom $I_p(x)$ einströmt und $I_n(W_\varrho) = 0$ ist, dann erhalten wir

$$I_p(x) = I_p(0) + I \int_0^x \alpha(x')\,\mathrm{d}x'$$

und

$$I_n(x) = I \int_x^{W_\varrho} \alpha(x')\,\mathrm{d}x'\,. \tag{9.20}$$

Mit $\alpha = \alpha(x)$ berücksichtigen wir, daß α über das elektrische Feld F ortsabhängig sein kann. Wegen $I_n(W_\varrho) = 0$ ist $I_p(W_\varrho) = I$, und wir erhalten

$$M = \frac{I_p(W_\varrho)}{I_p(0)} = \frac{1}{1 - \int_0^{W_\varrho} \alpha(x)\,\mathrm{d}x}\,. \tag{9.21}$$

Wird die Diode nahe dem Durchbruch $\left(\int_0^{W_\varrho} \alpha(x)\, \mathrm{d}x \lessapprox 1\right)$ betrieben, erreicht man in Silizium Verstärkungsfaktoren bis zu 10^4; die Photostromverstärkung wird allerdings zweckmäßiger durch das Verstärkungs-Bandbreite-Produkt gekennzeichnet, dieses kann bis zu 100 GHz erreichen. Welche Werte von M stabil beherrscht werden, hängt von der Form der Durchbruchkennlinie ab und kann durch das Störstellenprofil beeinflußt werden [145]. Die Konstruktion der Diode muß ferner darauf gerichtet sein, einen über die gesamte Diodenfläche homogenen Durchbruch zu erzielen, also Mikroplasmen und Kantendurchbrüche zu vermeiden. Zur Verhinderung von Kantendurchbrüchen ist die Schutzringstruktur geeignet (Abb. 9.2d). Der Übergang am Schutzring muß einen geringeren Störstellengradienten als der eigentliche pn-Übergang sowie einen hinreichend großen Krümmungsradius aufweisen.

Neben der inneren Photostromverstärkung bietet die Lawinen-Photodiode die Möglichkeit, das Signal-

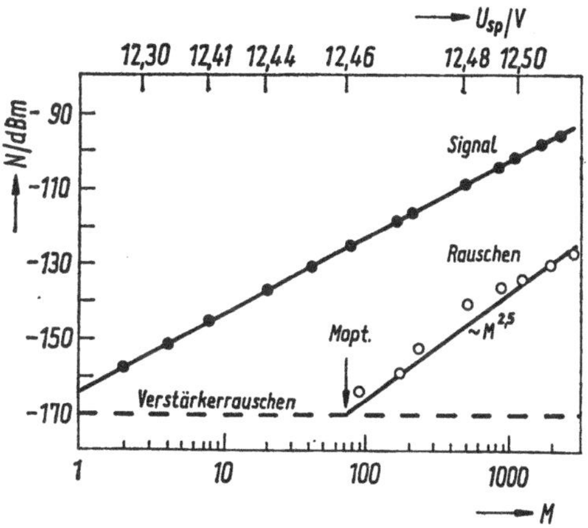

Abb. 9.3. Verbesserung des Signal-Rausch-Verhältnisses mit einer Lawinen-Photodiode (nach [145])

Rausch-Verhältnis zu verbessern. Dies beruht darauf, daß sich das multiplizierte Rauschen des Dunkelstromes erst bei einer höheren Spannung (das heißt bei einem höheren Multiplikationsfaktor) aus dem Rauschen des nachgeschalteten Verstärkers heraushebt als der multiplizierte Photostrom. Abbildung 9.3 zeigt entsprechende Meßergebnisse an einer Silizium-Lawinenphotodiode [146]. M_{opt} kennzeichnet die optimale Arbeitspunkteinstellung.

Neben Si-Lawinen-Photodioden wurden solche aus Germanium, Galliumarsenid, Indiumarsenid und Indiumantimonid bekannt ($T = 77$ K; $\lambda_{gr} = 5{,}5$ µm, $M = 10$).

9.5. PEM-*Detektoren*

PEM-Detektoren arbeiten auf der Grundlage des photoelektromagnetischen Effekts (siehe Abschnitt 3.3.4.). Wegen der Verwendung eines kleinen Elektromagneten sind solche Detektoren sinnvoll, vor allem, wenn auf Kühlung verzichtet werden kann. Für die meisten Halbleiter ergeben sich günstigere Kennwerte für Empfänger nach dem Photoleitungs- oder dem Photodiodenprinzip. Lediglich InSb zeigt im Bereich $5 \leqq \lambda \leqq 7$ µm ausgezeichnete Eigenschaften in der PEM-Betriebsart. Für $T = 295$ K erreicht ein InSb-PEM-Detektor $\mathfrak{D}^*$ ($\lambda_{max} = 6{,}2$ µm) $= 3 \cdot 10^8$ cm Hz$^{1/2}$/W und $\tau = 0{,}2$ µs [Z 14].

9.6. Detektoren auf der Grundlage von Photoeffekten infolge gestörter Verteilungsfunktion

Auf der Grundlage der in Abschnitt 6 diskutierten Photoeffekte infolge gestörter Verteilungsfunktion werden einige Strahlungsempfänger für Sonderanwendungen angeboten. Dies sind vor allem der μ-Photoleitungsdetektor (sogenannte PUTLEY-Detektor), der

Zyklotronresonanzdetektor und der Photon-Drag-Detektor.

(1) PUTLEY-Detektor [147]. Die Wirkungsweise dieses Detektors besteht in der Änderung der Ladungsträgerbeweglichkeit durch Erhöhung der mittleren Energie der Ladungsträger bei Intrabandabsorption. Praktisches Interesse an solchen Detektoren besteht vor allem im Submillimeter- und Millimeterbereich wegen des Fehlens geeigneter Quantendetektoren. Für diesen Bereich ist $\hbar\omega \ll \langle E \rangle$, $\omega\tau \ll 1$, es besteht ein direkter Zusammenhang zwischen der Spannungsempfindlichkeit und Zeitkonstanten des Empfängers und der Konstanten β, die die quadratische Abweichung vom Ohmschen Gesetz beschreibt [148]:

$$j = \sigma_0 (1 + \beta F^2) F . \tag{9.22}$$

Es gilt

$$\mathfrak{R}^U = \frac{\beta U_B}{V \sigma_0}; \quad \tau = \frac{3}{2} \beta \frac{k}{e} \cdot \frac{dT}{d\mu} \tag{9.23}$$

(U_B – Betriebsspannung, V – Volumen des Detektors). Günstige Kennwerte erreichen PUTLEY-Detektoren aus InSb [147] und GaAs [149]. Mit Impulsgleichvorspannung wird bei $\lambda = 10$ µm eine Spannungsempfindlichkeit von 20 V/MW erreicht, geschätzte Anstiegszeiten 200 ps.

(2) Der Zyklotronresonanzdetektor ist ein μ-Photoleitungsdetektor, bei dem durch LANDAU-Quantelung in einem äußeren Magnetfeld die Absorption und damit die spektrale Empfindlichkeit selektiv gestaltet wird. Durch das Magnetfeld kann der Empfänger durchgestimmt werden, die Empfindlichkeit hat ihr Maximum bei der Zyklotronfrequenz

$$\omega_c = \frac{e}{m^*} B . \tag{9.24}$$

(3) Photon-Drag-Detektoren sind bisher hauptsächlich zum Nachweis kurzer CO_2-Laser-Impulse hergestellt worden. Beim Nachweis der intensiven Impulse

modensynchronisierter TEA-CO_2-Laser kommen folgende Vorteile zum Tragen:
- Zeitkonstante nur durch die Lichtlaufzeit begrenzt (τ/ps = 130 · l/cm für Germanium);
- Betrieb bei Zimmertemperatur, keine Versorgungsspannungen;
- äußerste Robustheit (Zerstörungsgrenze von Ge bei ca. 100 MW/cm² für ns-Impulse);
- großer Linearitätsbereich, Anwendung im Durchstrahlungsbetrieb als Strahlmonitor möglich.

Demgegenüber stört bei dieser Anwendung der Nachteil geringer Spannungs- und Nachweisempfindlichkeit nicht. Günstigstes Material für $\lambda = 10{,}6\ \mu m$ ist p-Germanium [150, 151]. Typische Empfindlichkeiten sind $\mathfrak{R}_U = 2 \cdot 10^{-6}$ V/W bei einer Empfängerfläche $A = 0{,}1\ cm^2$. Das Photon-Drag-Prinzip ist nicht auf $\lambda = 10{,}6\ \mu m$ beschränkt. Anwendungen bei $\lambda = 1{,}06\ \mu m$ (GaAs [152]) und $\lambda = 1{,}3\ \mu m$ (GaAs [153]) sind ebenfalls bekannt geworden.

9.7. Integrierte Anordnungen von Photoempfängern

Im Rahmen dieser Monographie konnten Systemaspekte nur in sehr untergeordnetem Maße berührt werden. Die Eigenschaften von Strahlungsempfängern im Hinblick auf optische Nachrichtenübertragung, Infrarotspektroskopie, Photometrie, Energiegewinnung und ähnliches sind in den zitierten Monographien ausführlicher dargestellt als das hier möglich war.

Es sei lediglich auf die wachsende Anwendung integrierter Empfängeranordnungen hingewiesen. Dabei geht man vor allem von folgenden Zielstellungen aus:
- Integration des Empfängers mit anderen Gliedern einer Übertragungskette (Empfänger – nachgeschalteter Verstärker; Empfänger – Sender (z. B. Koppler, Optoisolatoren)),
- Integration gleichartiger Empfänger in Zeilen- oder Matrixform zur optischen Strukturerkennung und

Bildaufnahme (z. B. Si-Diodentarget für Hybridendikon, Lochstreifen-Lesezeilen, CCD-Konzept, xerographische Bildübertragung),
- Integration von Empfängern unterschiedlicher spektraler Empfindlichkeit zur Aufnahme von Temperaturverteilungen u. a.

10. Literaturverzeichnis

10.1. Zusammenfassende Darstellungen zur Photoleitfähigkeit bzw. zu Strahlungsempfängern

[Z 1] T. S. Moss, Photoconductivity in the Elements. Butterworth, London 1952

[Z 2] R. H. Bube, Photoconductivity of Solids. John Wiley & Sons, Inc., New York, London 1960

[Z 3] P. Görlich, Photoeffekte. I. Historische Entwicklung. Photoemission der Metalle, 1962. II. Experimentelle Photoleitung, 1963. III. Erzeugung photoelektrischer Kräfte, 1966. Akad. Verl.-Ges. Geest & Portig, K.-G., Leipzig

[Z 4] С. М. Рывкин (S. M. Ryvkin), Фотоэлектрические явления в полупроводниках, физматгиз, Москва 1963. Dt. Übersetzung: S. M. Rywkin, Photoelektrische Erscheinungen in Halbleitern. Akademie-Verlag, Berlin 1965

[Z 5] E. H. Putley, Solid State Devices for Infrared Detection, J. sci. Instr. **43** (1966) 857–868

[Z 6] A. Ambroziak, Konstrukcija i technologia przyrzadov fotoelektrycznych. Wyd. Naukowo-Techniczne, Warszawa
Russ. Übersetzung: А. Амброзяк, Конструкция и технология полупроводниковых фотоэлектрических приборов, Изд. Советское радио, Москва 1970

[Z 7] R. D. Hudson, Infrared System Engineering. New York, Wiley-Interscience 1969.
Russ. Übersetzung: Р. Хадсон, Инфракрасные системы, Изд. Мир, Москва 1972

[Z 8] H. Greif, Lichtelektrische Empfänger. Eigenschaften und Anwendungen optisch-elektrischer Wandler. Akad. Verl.-Ges. Geest & Portig K.-G., Leipzig 1972

[Z 9] W. SUMMER, Photosensitors. A Treatise on Photo-electric Devices and Their Application to Industry. Chapman & Hall Ltd., London 1957

[Z 10] А. М. Васильев, А. П. Ландсман (A. M. VASIL'EV, A. P. LANDSMAN), Полупроводниковые фотопреобразователи. Изд. Советское радио, Москва 1971

[Z 11] В. С. Вавилов (V. S. VAVILOV), Действие излучений на полупроводники. Физматгиз, Москва 1963

[Z 12] H. MELCHIOR, M. B. FISHER, F. R. ARAMS, Photodetectors for Optical Communication Systems, Proc. IEEE **58** (1970) 1466–1486

[Z 13] А. Н. Выставкин, В. В. Мигулин (A. N. VYSTAVKIN, V. V. MIGULIN), Приемники миллиметровых и субмиллиметровых волн, Радиотехника и Электроника **12** (1967) 1989–2005

[Z 14] P. W. KRUSE, L. D. McGLAUCHLIN, R. B. McQUISTAN, Elements of Infrared Technology. Generation, Transmission and Detection, New York 1962.
Dt.: Infrarottechnik, Verlag Berliner Union GmbH, Stuttgart 1971

[Z 15] Semiconductors and Semimetals, Vol. 5. Infrared Detectors. Ed. R. K. WILLARDSON, A. C. BEER, Academic Press, New York 1970

[Z 16] K. M. VAN VLIET, Noise Limitations in Solid State Photodetectors. Applied Optics **6** (1967) 1145–1169

[Z 17] D. H. SEIB, L. W. AUKERMAN, Photodetectors for the 0.1 to 1.0 μm Spectral Region. Advances in Electronics and Electron Physics **34** (1973) 95–221

[Z 18] H. MELCHIOR, Demodulation and Photodetection Techniques, in: Laser Handbook, Amsterdam 1972, S. 725–835

[Z 19] Н. А. Соболева, А. А. Меламид (N. A. SOBOLEVA, A. A. MELAMID), Фотоэлектронные приборы, Москва 1974

10.2. Zitierte Originalliteratur

[1] A. EINSTEIN, Über einen die Erzeugung und Verwandlung des Lichts betreffenden heuristischen Gesichtspunkt. Ann. Phys. **17** (1905) 132

[2] W. BRAUER, H.-W. STREITWOLF, Theoretische Grundlagen der Halbleiterphysik. Akademie-Verlag, Berlin 1973

[3] A. S. DAWYDOW, Quantenmechanik. Deutscher Verlag der Wissenschaften, Berlin 1967

[4] В. П. Грибовский (V. P. Gribovskij), Теория поглощения и испускания света в полупроводниках. Изд. наука и техника, Минск 1975
[5] J. I. Pankov, Optical Processes in Semiconductors. Prentice Hall, Inc., Englewood Cliffs, New Jersey 1971. Russ. Übersetzung: Д. И. Панков, Оптические процессы в полупроводниках, Изд. Мир, Москва 1973
[6] K. J. Schmidt-Tiedemann, Experimentelle Untersuchungen zum Problem der heißen Elektronen in Halbleitern. Festkörperprobleme **1** (1962) 122
[7] W. Shockley, Electrons and Holes in Semiconductors. D. Van Nostrand Company, Inc., Princeton, New Jersey 1950
[8] R. Conradt, J. Aengenheister, Solid State Comm. **10** (1972) 521
[9] H. Frank, V. Šnejdar, Halbleiterbauelemente, 1, 2, Akademie-Verlag, Berlin 1964
[10] E. Kamke, Differentialgleichungen, Lösungsmethoden und Lösungen. Akad. Verl.-Ges. Geest & Portig, Leipzig 1951
[11] R. N. Hall, Phys. Rev **87** (1952) 387
[12] W. Shockley, W. Read, Phys. Rev. **87** (1952) 835
[13] A. Rose, Progress in Semicond. **2** (1957) 109
[14] H. Y. Fan, Phys. Rev. **92** (1953) 1424; **93** (1954) 1434
[15] E. A. Niekisch, Ann. Physik (6) **15** (1955) 279, 288
[16] J. Fassbender, H. Lehmann, Ann. Physik (6) **6** (1949) 215
[17] J. Auth, Ann. Physik (6) **20** (1957) 210
[18] L. B. Valdes, Proc. IRE **40** (1952) 1420
[19] Tang Ting-Yuan, Kao Kuo-Yu, Scientia Sinica **7** (1958) 165
[20] J. R. Haynes, W. Shockley, Phys. Rev. **75** (1949) 691
[21] U. Steffen, Diplomarbeit, Humboldt-Universität Berlin 1965
[22] H. B. de Vore, Phys. Rev. **102** (1956) 86
[23] P. Grosse, K. Winzer, phys. stat. sol. **13** (1966) 269
[24] D. Genzow, phys. stat. sol. (b) **55** (1973) 547
[25] W. van Roosbroeck, W. G. Pfann, J. appl. Phys. **33** (1962) 2304
[26] И. П. Жадько, Е. И. Рашба, В. А. Романов, И. М. Стахира, К. А. Товстюк (I. P. Žad'ko, E. I. Rašba, V. A. Romanov, I. M. Stachira, K. A. Tovstjuk), Физ. тверд. тела **7** (1965) 1777

[27] I. K. Kikoin, M. M. Noskov, Phys. Z. SU 5 (1934) 586

[28] С. Г. Калашников, К. П. Тиссен (S. G. Kalašnikov, K. P. Thiessen), Физ. тверд. тела 1 (1959) 545

[29] A. F. Rudolph, Untersuchungen zum photoelektromagnetischen Effekt an Siliziumeinkristallen, Dissertation, Berlin 1967

[30] Ю. А. Быковский, В. Ф. Елесин (Ju. A. Bykovskij, V. F. Elesin), Физ. тверд. тела 8 (1966) 1931

[31] А. Н. Блаут-Блачев (A. N. Blaut-Blačev), Физ. тех. полупров. 8 (1974) 797

[32] В. Е. Лашкарев, Е. И. Рашба, В. А. Романов, З. А. Демиденко (V. E. Laškarev, E. I. Rašba, V. A. Romanov, Z. A. Demidenko), Ж. тех. физ. 28 (1958) 1853

[33] T. Miyakawa, K. Tahira, Japan. J. appl. Phys. 11 (1972) 379

[34] H. Frank, Czechosl. Journal Phys. 6 (1956) 433

[35] L. D. Yau, C. F. Smiley, C. T. Sah, phys. stat. sol. (a) 13 (1972) 457

[36] Г. В. Царенков (G. V. Carenkov), Физ. тех. полупров. 9 (1975) 253

[37] Б. В. Царенков, Т. Н. Данилова, А. Н. Именков, Ю. П. Яковлев (B. V. Carenkov, T. N. Danilova, A. N. Imenkov, Ju. P. Jakovlev), Физ. тех. полупров. 7 (1973) 1426

[38] В. В. Гутов, Т. Н. Данилова, А. Н. Именков, Б. В. Царенков, Ю. П. Яковлев, (V. V. Gutov, T. N. Danilova, A. N. Imenkov, B. V. Carenkov, Ju. P. Jakovlev), Физ. тех. полупров. 9 (1975) 52

[39] A. G. Milnes, D. L. Feucht, Heterojunctions and Metal-Semiconductor Junctions, Academic Press, New York u. London 1972 (Russ. Übersetzung: Изд. Мир Москва 1975)

[40] А. В. Ржанов (A. V. Ržanov), Электронные процессы на поверхности полупроводников, Изд. Наука, Москва 1971

[41] G. Heiland, Elektronische Zustände und freie Valenzen an Halbleiteroberflächen, Festkörperprobleme 3 (1964) 125

[42] H. Flietner, Elektronische Eigenschaften der Halbleiteroberfläche. Probleme der Festkörperelektronik 1 (1969) 35

[43] У. А. Арифов, Н. Абдуллаев, М. С. Арифджанова (U. A. Arifov, N. Abdullaev, M. S. Arifdžanova), Физ. тех. полупров. 10 (1976) 25

[44] W. van Roosbroeck, W. Shockley, Phys. Rev. **94** (1954) 1558–1560
[45] J. Bardeen, F. J. Blatt, L. H. Hall, Photoconductivity Conference, John Wiley, New York 1956, S. 146
[46] K. Unger, Fortschr. d. Phys. **13** (1965) 701
[47] V. L. Bonch-Bruevich, E. G. Landsberg, phys. stat. sol. **29** (1968) 9–43
[48] Ja. I. Frenkel, Phys. Rev. **37** (1931) 17, 1276
[49] E. Gutsche, Proc. Intern. Conf. Physics of Semicond., Moscow (1968), S. 1157; J. Voigt, E. Ost, phys. stat. sol. **33** (1969) 381
[50] В. С. Вавилов, В. А. Заяц, В. Н. Мурзин (V. S. Vavilov, V. A. Zajac, V. N. Murzin), ЖЭТФ-Письма в редакцию **10** (1969) 304
[51] H. J. Queisser, Festkörperprobleme **11** (1971) 45
[52] W. W. Anderson, Solid-State Electronics **18** (1975) 235
[53] C. T. Sah, W. Shockley, Phys. Rev. **109** (1958) 1103
[54] С. Г. Калашников, К. П. Тиссен (S. G. Kalašnikov, K. P. Thiessen), Физ. тверд. тела **2** (1960) 2743
[55] W. Czaja, Festkörperprobleme **11** (1971) 65
[56] Ed. G. Hertz, R. Rompe, Einführung in die Plasmaphysik. Akademie-Verlag Berlin 1968, S. 23
[57] A. Haug, Strahlungslose Rekombination in Halbleitern (Theorie). Festkörperprobleme **12** (1972) 411–446
[58] Л. М. Блинов, Е. А. Боброва, В. С. Вавилов, Г. Н. Галкин (L. M. Blinov, E. A. Bobrova, V. S. Vavilov, G. N. Galkin), Физ. тверд. тела **9** (1967) 3221
[59] T. S. Moss, Proc. Phys. Soc. **66B** (1953) 993
[60] R. N. Zitter, A. J. Strauss, A. E. Attard, Phys. Rev. **115** (1959) 266
[61] R. Conradt, Auger-Rekombination in Halbleitern. Festkörperprobleme **12** (1972) 449–464
[62] J. I. Pankove, L. Tomasetta, B. F. Williams, Phys. Rev. Letters **27** (1971) 29
[63] G. Benz, R. Conradt, Auger-Recombination in GaSb. Proc. 12 Intern. Conf. of Physics of Semicond. S. 1262, B. G. Teubner, Stuttgart 1974
[64] F. Möglich, R. Rompe, Z. Phys. **115** (1940) 707; **117** (1940) 119
[65] R. W. Gurney, N. F. Mott, Transactions of the Faraday Society XXXV (1939) 69–73
N. F. Mott, Proc. Roy. Soc. A. **167** (1938) 384

[66] Е. И. Адирович (E. I. ADIROVIČ), Докл. Акад. Наук СССР **63** (1948) 111–114; 635–638; E. I. ADIROWITSCH, Einige Fragen zur Theorie der Lumineszenz der Kristalle, Akademie-Verlag, Berlin 1953
[67] G. HELMIS, Ann. d. Phys. (Leipzig) **19** (1956) 41
[68] R. PÄSSLER, phys. stat. sol. (b) **65** (1974) 561–569
[69] S. I. PEKAR, Untersuchungen über die Elektronentheorie der Kristalle. Akademie-Verlag, Berlin 1954
[70] G. ASCARELLI, S. RODRIGUEZ, Phys. Rev. **124** (1961) 1321; **127** (1962) 167
[71] M. LAX, J. Phys. Chem. Solids **8** (1959) 66; Phys. Rev. **119** (1960) 1502
[72] D. R. HAMANN, A. L. MCWHORTER, Phys. Rev. **134** (1964) A 250
[73] E. F. SMITH, P. T. LANDSBERG, J. Phys. Chem. Solids **27** (1966) 1727
[74] S. H. KOENIG, R. D. BROWN, W. SCHILLINGER, Phys. Rev. **128** (1962) 1668
[75] M. S. KAGAN, S. G. KALASHNIKOV, Proc. Intern. Conf. Physics of Semicond. Kyoto 1966, S. 537
[76] В. Л. Бонч-Бруевич, И. П. Звягин, А. Г. Миронов (V. L. BONČ-BRUEVIČ, I. P. ZVJAGIN, A. G. MIRONOV), Доменная электрическая неустойчивость в полупроводниках, Изд. Наука, Москва 1972
[77] J. F. SCHETZINA, Phys. Rev. B **12** (1975) 3339
[78] E. CONWELL, High Field Transport in Semiconductors. Academic Press, New York u. London 1967. Russ. Übers.: Э. Конуэлл, Кинетические свойства полупроводников в сильных электрических полях, Изд. Мир, Москва 1970
[79] В. Денис, Ю. Пожела (V. DENIS, JU. POŽELA), Горячие Электроны, Изд. Минтис, Вилнюс 1971
[80] M. ASCHE, O. G. SARBEI, phys. stat. sol. **33** (1969) 9
[81] T. S. MOSS, J. Phys. Chem. Solids **22** (1961) 117
[82] J. AUTH, K. H. HERRMANN, Exp. Techn. d. Phys. **22** (1974) 613
[83] N. MIURA, S. TANAKA, Appl. Phys. Letters **12** (1968) 374
[84] D. GENZOW, K. H. HERRMANN, R. VOGEL, phys. stat. sol. (a) **23** (1974) 51
[85] М. П. Михайлова, С. В. Слободчиков, А. В. Пенцов, М. Хамрокулов (M. P. MICHAJLOVA, S. V. SLOBODČIKOV, A. V. PENCOV, M. CHAMROKULOV), Физ. тех. полупров. **10** (1976) 191

[86] П. М. Валов, И. Д. Ярощецкий, И. Н. Яссиевич (P. M. Valov, I. D. Jaroščeckij. I. N. Jassievič), ЖЭТФ – Письма в редакцию **20** (1974) 448
[87] J. Auth, Zeitschr. f. phys. Chemie **217** (1961) 188
[88] D. Genzow, K. H. Herrmann, B. Viehweger, phys. stat. sol. (a) **15** (1973) K 171
[89] Р. И. Лягущенко, И. Н. Яссиевич (R. I. Ljaguščenko, I. N. Jassievič), Физ. тверд. тела **9** (1967) 3547
[90] В. Н. Абакумов (V. N. Abakumov), Физ. тверд. тела **11** (1969) 1928
[91] П. М. Валов, Б. С. Рывкин, С. М. Рывкин, И. Д. Ярошецкий, Е. В. Титова (P. M. Valov, B. S. Ryvkin, S. M. Ryvkin, I. D. Jaroščeckij, E. V. Titova), Физ. тех. полупров. **5** (1971) 1772
[92] H. Dember, Phys. Z. **33** (1931) 207
[93] H. E. Barlow, Proc. IRE **46** (1958) 1411
[94] Л. Е. Гуревич, А. А. Румянцев (L. E. Gurevič, A. A. Rumjancev), Физ. тверд. тела **9** (1967) 75
[95] P. M. Valov, A. A. Grinberg, A. M. Danishevskij, A. A. Kastalskij, S. M. Ryvkin, I. D. Jaroshetskij, Photon Drag of Free Current Carriers in Semiconductors. Proc. 10 Intern. Conf. Physics of Semicond. Cambridge Mass. 1970. S. 683
[96] А. А. Гринберг (A. A. Grinberg), Ж. экспер. теор. физ. **58** (1970) 989
[97] Е. З. Имамов (E. Z. Imamov), Физ. тех. полупров. **6** (1972) 1693
[98] J. Auth, D. Genzow, K. H. Herrmann, M. Wendt, phys. stat. sol. (b) **65** (1974) 293
[99] D. Genzow, E. Normantas, phys. stat. sol. (b) **77** (1976) 667
[100] A. F. Gibson, M. F. Kimmitt, A. C. Walker, Photon Drag in Germanium. Proc. 10 Intern. Conf. Physics of Semicond. Cambridge Mass. 1970, S. 690
[101] T. S. Moss, phys. stat. sol. (a) **8** (1971) 223
[102] P. M. Valov. B. S. Ryvkin, S. M. Ryvkin, I. D. Jaroshetskii, phys. stat. sol. (b) **53** (1972) 65
[103] П. М. Валов, Б. С. Рывкин, С. М. Рывкин, Е. В. Титова, И. Д. Ярошецкий, (P. M. Valov, B. S. Ryvkin, S. M. Ryvkin, E. V. Titova, I. D. Jaroščeckij), Физ. Тверд. Тела **5** (1971) 1772
[104] П. М. Валов, Б. С. Рывкин, С. М. Рывкин, Е. В. Титова, И. Д. Ярощещкий (P. M. Valov, B. S. Ryvkin, S. M.

RYVKIN, E. V. TITOVA, I. D. JAROŠECKIJ), Физ. тверд. тела 6 (1972) 123
[105] Е. А. Боброва, В. С. Вавилов, Г. Н. Галкин (E. A. BOBROVA, V. S. VAVILOV, G. N. GALKIN), Физ. тех. полупров. 3 (1969) 1232
[106] G. N. GALKIN, K. H. HERRMANN, E. A. BOBROVA, phys. stat. sol. (b) 82 (1977)
[107] Е. А. Боврова, Г. Н. Галкин (E. A. BOBROVA, G. N. GALKIN), Физ. тех. полупров 4 (1970) 368
[108] Г. Н. Галкин, Л. М. Блинов, Е. А. Боброва, В. С. Вавилов (G. N. GALKIN, L. M. BLINOV, E. A. BOBROVA, V. S. VAVILOV), Препринт № 18 Лаб. физ. полупров. ФИАН Москва 1969
[109] K. D. GLINCHUK, N. M. LITOVCHENKO, L. F. LINNIK, phys. stat. sol 42 (1970) K 171
[110] Ю. Вайткус, В. Гривискас, Ю. Староста (JU. VAJTKUS, V. GRIVICKAS, JU. STAROSTA), Физ. тех. полупров. 9 (1975) 1339
[111] W. P. DUMKE, Phys. Rev. 105 (1957) 139
[112] М. С. Епифанов, Е. А. Боброва, Г. Н. Галкин (M. S. EPIFANOV, E. A. BOBROVA, G. N. GALKIN), Физ. тех. полупров. 9 (1975) 1529
[113] Г. Н. Галкин, Ф. Ф. Харахорин, Е. В. Шатковский (G. N. GALKIN, F. F. CHARACHORIN, E. V. ŠATKOVSKIJ), Физ. тех. полупров. 5 (1971) 442
[114] D. A. CAMMACK, A. V. NURMIKKO, G. W. PRATT, J. R. LOWNEY, J. appl. Phys. 46 (1975) 3965
[115] R. K. BUBE, C. T. HO, J. appl. Phys. 37 (1966) 413
[116] О. С. Зинец, В. Л. Стрижевский (O. S. ZINEC, V. L. STRIŽEVSKIJ), Физ. тех. полупров. 2 (1968) 1215
[117] W. BRUNNER, W. RADLOFF, K. JUNGE, Quantenelektronik. VEB Deutscher Verlag der Wissenschaften, Berlin 1975
[118] D. MALTZ, M. PÖHLER, G. STAUPENDAHL, phys. stat. sol. (b) 58 (1973) K 35
[119] Y. P. VARSHNI, phys. stat. sol. 19 (1967) 459; 20 (1967) 9
[120] D. M. EAGLES, Proc. Phys. Soc. 78 (1961) 204
[121] Г. Н. Галкин, Т. Г. Лалаева, Ф. Ф. Харахорин, Е. В. Шатковский (G. N. GALKIN, T. G. LALAEVA, F. F. CHARACHORIN, E. V. ŠATKOVSKIJ), Физ. тверд. тела 13 (1971) 1961
[122] В. С. Вавилов, Г. Н. Галкин, Е. В. Шатковский (V. S.

VAVILOV, G. N. GALKIN, E. V. ŠATKOVSKIJ), Краткие сообщения по физике (Москва) 7 (1970) 56
[123] Н. С. Барышев (N. S. BARYŠEV), Физ. тверд. тела 6 (1964) 3027
[124] P. T. LANDSBERG, M. J. ADAMS, J. of Luminescence 7 (1973) 3
[125] L. HULDT, phys. stat. sol. (a) 8 (1971) 173; Proc. 11 Intern. Conf. Physics of Semicond., Warszawa 1972, S. 1097
[126] N. G. NILSSON, K. G. SVANTESSON, Solid State Comm. 11 (1972) 155
[127] К. Д. Глинчук, Н. М. Литовченко, В. Е. Родионов (K. D. GLINČUK, N. M. LITOVČENKO, V. E. RODIONOV), Физ. тех. полупров. 8 (1974) 2295
[128] M. A. KINCH, M. J. BRAU, A. SIMMONS, J. appl. Phys. 44 (1973) 1649
[129] W. SMITH, Nature 7 (1973) 303
[130] J. AUTH, Z. Phys. Chemie (Leipzig) 217 (1961) 159
[131] E. H. PUTLEY, phys. stat. sol. 6 (1964) 571
[132] Т. М. Бурбаев, В. А. Курбатов, Н. А. Пенин (T. M. BURBAEV, V. A. KURBATOV, N. A. PENIN), Физ. тех. полупров. 9 (1975) 292
[133] Y. DARVIOT, A. SORRENTINO, B. JOLY, B. PAJOT, Infrared Phys. 7 (1967) 1
[134] К. Д. Глинчук (K. D. GLINČUK), в сборнике статей «Актуальные вопросы физики полупроводников и полупроводниковых приборов», Вилнюс 1969, стр. 99
[135] J. AUTH, D. GENZOW, K. H. HERRMANN, Probleme der Festkörperelektronik 10 (1977) 20
[136] P. R. EMTAGE, J. appl. Phys. 47 (1976) 2565
[137] Н. С. Барышев, З. И. Урицкий (N. S. BARYŠEV, Z. I. URICKIJ), Физ. тверд. тела 3 (1961) 2861
[138] Е. А. Афанасьева, Н. Ибрахимов, А. П. Шотов (E. A. AFANASEVA, N. IBRACHIMOV, A. P. ŠOTOV), Физ. тех. полупров. 7 (1973) 1133
[139] P. BERNDT, D. GENZOW, K. H. HERRMANN, phys. stat. sol. (a) 38 (1977) 497
[140] M. ROYER, Conf. on Narrow-Gap Semiconductors and Semimetals, Nizza 1973
[141] В. Л. Бонч-Бруевич (V. L. BONČ-BRUEVIČ), Физ. тверд. тела 5 (1963) 2714
[142] R. C. JONES, Factors of Merit for Radiation Detectors. J. opt. Soc. Am. 39 (1949) 344

[143] Silicon Photodiode Application Notes, EG & G Inc., Electro-Optics Division, Salem, Mass. (USA) 1973

[144] H. Hornung, Stand und Perspektive von Silizium-Strahlungsempfängern, Vortrag auf dem KDT-Symposium „Optoelektronik", Berlin 12.–14. Nov. 1975

[145] R. Behrendt, Dissertation, Humboldt-Universität zu Berlin 1975

[146] R. Behrendt, Nachrichtentechnik-Elektronik **25** (1975) 285

[147] E. H. Putley, Proc. Phys. Soc. **76** (1960) 802

[148] Ш. М. Коган (Š. M. Kogan), Физ. тверд. тела **4** (1962) 1891

[149] Datenblatt: Hot hole Photoconductive Detector Rofin Ltd. (1974) (?)

[150] В. Г. Агафонов, П. М. Валов, Б. С. Рывкин, И. Д. Ярошецкий (V. G. Agafonov, P. M. Valov, B. S. Ryvkin, I. D. Jaroševkij), Физ. тех. полупров. **7** (1973) 2316

[151] K. H. Herrmann, M. Wendt, K. Vogler, G. Wanie, Exper. Techn. Physik **24** (1976) 63

[152] J. M. Doviak, S. Kothari, Proc. 12th Intern. Conf. Physics of Semiconductors, Stuttgart 1974, S. 1257

[153] W. Schneider, K. Hübner, Phys. Letters **53a** (1975) 87

Quellennachweis

Die Abbildungen 5.3a, 5.3b, 5.8, 5.9, 6.1, 9.3 wurden mit freundlicher Genehmigung der in den Literaturangaben [49], [57], [68], [70–74], [84], [145] angegebenen Verlage und Autoren abgedruckt.

11. Sachverzeichnis

Die Autoren

- legen die Grundlagen des inneren Photoeffekts und die Bedeutung der Photoleitung für die Festkörperphysik dar

- gehen auf die wichtigsten Anwendungen ein und zeigen den Zusammenhang zur Halbleitertechnik

- stellen die Verbindung zur Quantentheorie des Festkörpers her

- behandeln aktuelle Probleme der Photoeffekte bei hohen Anregungsdichten mit Laseranregung

WISSENSCHAFTLICHE TASCHENBÜCHER

Bei Fragen zur Produktsicherheit wenden Sie sich bitte an:
If you have any questions regarding product safety, please contact:

Walter de Gruyter GmbH
Genthiner Straße 13
10785 Berlin
productsafety@degruyterbrill.com